电力安全生产与防护

主　审　张　鹏

主　编　任晓丹　刘建英

副主编　张宇飞　王　飞　鲁珊珊

北京理工大学出版社

BEIJING INSTITUTE OF TECHNOLOGY PRESS

图书在版编目（CIP）数据

电力安全生产与防护 / 任晓丹，刘建英主编 . —北京：北京理工大学出版社，2013. 1（2021. 1 重印）

ISBN 978 - 7 - 5640 - 7325 - 1

Ⅰ.①电… Ⅱ.①任… ②刘… Ⅲ.①电力工业－安全生产－高等学校－教材
Ⅳ.①TM08

中国版本图书馆 CIP 数据核字（2013）第 014670 号

出版发行 /北京理工大学出版社

社　　址 /北京市海淀区中关村南大街 5 号

邮　　编 /100081

电　　话 /(010)68914775(办公室)　68944990(批销中心)　68911084(读者服务部)

网　　址 /http://www. bitpress. com. cn

经　　销 /全国各地新华书店

印　　刷 /三河市天利华印刷装订有限公司

开　　本 /787 毫米 × 1092 毫米　1/16

印　　张 /10

字　　数 /229 千字

版　　次 /2013 年 1 月第 1 版　2021 年 1 月第 7 次印刷

定　　价 /29.00 元

责任编辑 /李志敏

责任校对 /杨　露

责任印制 /王美丽

　　电力安全生产及防护是国家骨干高职院校示范建设专业——电力系统自动化技术专业的专业学习领域基础课程。它是一门基于典型工作任务驱动，理论与实际相结合的教、学、做为一体的专业基础课程。培养学生从事该专业领域所必备的安全专业知识与技能，以及良好的团队协作精神。课程建设以国家骨干专业建设方案为指导，以企业实际生产为准绳，以工学结合为宗旨，以电力安全作业规程、技能操作和职业素养为要求，与企业骨干成员进行课程内容的选择、开发与设计，实现"校厂一体，产学结合"的人才培养模式。

　　本教材由6个项目15个工作任务组成，以企业工作任务驱动课程教学。每个任务结合具体工作任务和工作过程，通过任务的完成，学习电力安全生产及防护专业知识，为今后的工作奠定坚实基础。

　　本书由任晓丹、刘建英担任主编，张宇飞、王飞、鲁珊珊担任副主编。其中，项目一由鲁珊珊老师撰写，项目二由王飞老师撰写，项目三由刘建英老师撰写，项目五、项目六的部分内容及附录工作页部分由任晓丹老师撰写，项目四、项目五的部分内容由张宇飞老师撰写。张鹏老师对本书进行了审定，提出了宝贵意见，在此表示诚挚的感谢。

　　本书适合作为高职高专电类相关专业教材，也可作为供电企业生产技能人员安全用电培训教材。

　　由于编者水平有限，疏漏及不足之处在所难免，请广大读者批评指正。

编　者

目录

Contents

项目一

电力安全生产基本知识

▮ 项目描述 ▮

2009 年 6 月 22 日 6 时左右，某有限责任公司焦化厂运焦车间 1#消火车熄焦后，司机张某某发现 1#消火车无法向北行走，随后到 1#焦台通知值班电工，值班电工汲某某接电话后与当班班长许某某一起赶到现场，许某某上到 1#消火车上检查，初步判断缺一相电，便安排汲某某去 1#煤塔下配电箱处停电。司机张某某去 1#焦台通知运焦三班班长杨某某，因杨某某上厕所未联系上，电话向调度进行汇报后，去运焦一系统值班室找班长杨某某。汲某某停完电后遇见了班长杨某某，两人协商一人看护配电箱，一人监护许某某干活。张某某走到半路看到杨某某与汲某某站在配电箱西侧，认为杨某某已知道 1#消火车故障，遂返回 1#消火车处。6 时 10 分左右人们发现许某某躺在地上，于是立即通知电工汲某某和班长杨某某到现场。人们有的对许某某在现场进行口对口人工呼吸和心肺复苏等急救，有的通知邯钢急救中心医务人员到现场救护，但许某某最终经邯钢医院抢救无效而死亡。

▮ 知识准备 ▮

学习电力安全生产的相关法律法规文件，让学生建立电力安全生产的理念，熟悉电力安全生产过程中的相关文件。

学习对中性点直接接地系统和中性点不接地系统触电回路电流的计算，分析触电电流对人体的危害，结合现场实际采取有效的防触电伤害措施，以保障电力作业人员人身安全。

现场作业环境中存在带电线路或带电设备时，为防止直接接触触电事故的发生，保证作业人员安全，必须采取一定的技术措施。结合 10 kV、110 kV、220 kV 架空线路对地安全距离以及 110 kV 室外变压器防直接接触触电等工作实际，要求提供有效完善的技术措施。

现场作业环境中存在设备漏电时，易导致间接接触触电事故。为防止该类事故的发生，保证设备和人身安全，需采取有效的技术措施。通过低压配电屏防间接接触触电措施的认识和漏电保护器的安装等任务，加强对防间接接触触电措施的理解与应用。

▮ 项目目标 ▮

（1）掌握电力安全生产的意义。

（2）掌握班组、部门、个人的安全职责。

（3）掌握电力安全生产相关法律法规条文。

（4）掌握政府部门和电力系统下发的安全文件。

（5）能指出影响触电危险程度的因素。

（6）能进行中性点接地系统触电回路分析，计算触电电流。

（7）能进行中性点不接地系统触电回路分析，计算触电电流。

（8）能结合现场实际采取有效的防触电伤害措施。

（9）能叙述防止人身直接接触触电的技术措施。

（10）能结合现场实际采取有效的防直接接触触电措施。

（11）能叙述防间接接触触电的技术措施。

（12）能熟练安装单相和三相漏电保护器。

知识链接

任务一　电力安全生产概述

一、电力安全生产的含义

在电力生产中，安全有着三个方面含义：

（1）确保人身安全，杜绝人身伤亡事故；

（2）确保设备安全，保证设备正常可靠运行；

（3）确保电网安全，消灭电网瓦解和大面积停电事故。

二、电力安全的意义

电力工业必须坚持"安全第一、预防为主"的方针，这是由电力工业的客观规律所决定的，是多年实践经验的积累，甚至是用血的教训总结出来的。因此，在任何时候都丝毫不能动摇这个方针，否则多发事故的电力工业就会拖国民经济发展的后腿。

安全是企业改革和发展的重要保证，是提高企业经济效益的前提，没有安全就谈不上效益。从电力事故对企业经济效益和社会效益的影响程度上看，安全就是最大的效益。

安全是电力工业的生命，是职工及其家庭幸福常乐的保证，因此每个职工都应高度重视安全，并在实际工作中能居安思危、防微杜渐。

三、电力安全生产的重要性和基本方针

电力工业是建立在现代电力能源转换、传输、分配科学技术基础上的高度集中的社会化大生产，是供给国民经济能源的基础性行业，也是关系城乡人民生活的公用事业。电力工业具有高度的自动化和发、供、用同时完成的特点。发电、输电、配电和用户组成一个统一的电网运行系统，任何一个环节出了事故，都会影响整个电网的安全稳定运行。严重的事故则会使电网运行中断，甚至导致电网的崩溃和瓦解，造成长时间、大面积停电，直接影响到工农业生产和人民生活的正常进行，给社会造成重大的经济损失，影响社会的安定，损害党和政府的形象。所以电力安全生产不仅是经济问题，也是政治问题。为此，我国一直坚持"安全第一，预防为主"的方针，并从电网的技术管理、规程制度建设、职工思想行为的规范和职业道德的建设等方面着手，采取一系列措施，加强和改进安全管理工

作，努力提高电力生产安全的水平。

"安全第一，预防为主"的方针是由电力工业的特点和电力生产的客观规律决定的，是电力生产多年实践经验的结晶。坚持这一方针，是电力生产、建设、经营等各项工作顺利进行的基础和保证。任何时候都不能有丝毫的偏移和动摇。电力企业在各项工作中还应处理好安全与效益，安全与质量、速度以及安全与多种经营的关系，当其他方面与安全发生矛盾时，首先要服从安全。要十分明确安全是企业生产活动的头等大事，是带动全局的根本性任务。只有正确地处理好安全与其他事物间的关系，才能保证改革和发展的顺利进行。

"安全第一，预防为主"是一个有机的整体，二者不可偏废。安全第一的关键是坚持预防为主，对安全生产要有居安思危的忧患意识，绝不能麻痹大意。安全工作要警钟长鸣，防患于未然，不能等到出了问题再抓，必须为避免事故的发生而常抓不懈。全体电业职工都要牢固树立"安全第一，预防为主"的思想，进一步增强安全意识，改进和提高安全技术，坚持保人身、保电网、保设备安全的"三保"原则，真正做到安全生产，人人有责，使电力安全生产步入良性发展的轨道。

四、电力安全生产的基本规章制度

1. 规程制度在电力安全生产中的作用

电力安全生产的规程制度是电力生产科学规律的客观反映，是根据国家颁发的各种法规性文件和上级管理机关的要求制定的，也是设备系统设计制造技术要求的体现，是生产实践经验的总结和积累。它包括工艺技术、生产操作、劳动保护、劳动管理等方面的规程、规则、条例、办法和制度，它规定了电力职工在电力生产过程中，哪些是合法的，哪些是必须做和可以做的，哪些是违法的，哪些是禁止做和不可以做的。规程制度是电力生产设计中的行为规范和准则，具有法律效力。

电力生产在实践中已形成了一套比较完善的规程制度，需要我们严格、认真地贯彻执行，否则就可能造成事故。在实际的生产过程中，由于这样或那样的原因，如对安全工作要求不严，规程制度执行松弛，违章指挥，违章作业，冒险蛮干等，已造成过许多伤亡事故和财产损失，教训极为深刻。因此，必须加强对干部职工的安全教育和宣传，在干部职工中形成一个共识：电业规章制度是保障电力生产建设、确保安全运行的重要制度，遵章守纪是每一个电业职工的职业责任，必须严格遵守，不能自行其事。

电力企、事业单位都要严格执行国家及电力行政主管部门制定和颁布的有关安全生产建设的各项规程和制度。要严肃劳动纪律，严格要求，严格管理，对违反规章制度者，必须及时制止并进行处理，做到安全文明施工，安全文明生产。

2. 电力安全生产的基本规程制度

（1）国家颁发的与电力安全生产有关的规程制度。

这些规程制度主要有：

①《工厂安全卫生规程》；

②《建筑工程施工安全技术操作规程》；

③《工人职员伤亡事故报告规程》；

④《工业企业设计卫生标准》；

⑤《劳动保护监察条例》；

⑥《锅炉压力容器安全监察暂行条例》；

⑦《中华人民共和国消防条例》；

⑧各种与电力生产有关的国家标准。

（2）部颁有关规程、条例。

原电力工业部颁布的与电力安全生产有关的规程、条例主要有：

①《电力工业技术管理法规》；

②《电业安全工作规程》，包括发电厂和变电所部分、电力线路部分、热力机械部分；

③《电力工业锅炉监察规程》；

④《电力工业锅炉压力容器监察规程》；

⑤《电业生产事故调查规程》；

⑥《电力系统安全稳定导则》；

⑦《电力设备典型消防规程》；

⑧《电网调度管理条例》；

⑨《电业生产人员培训制度》；

⑩有关电力工程设计方面的各种技术规程；

⑪有关电力基本建设、施工方面的各种技术规程；

⑫有关电力生产方面的各种运行规程、检修规程和其他典型规程制度；

⑬有关电力试验方面的各种技术规程等。

（3）各级电力部门（企业）内部颁发的各种规程与管理制度。

这是依据国家和原电力工业部颁布的安全法规、规章制度、有关技术资料并根据现场需要而制订的。如发电机现场运行规程、锅炉现场运行规程、变电现场运行规程、变电运行管理制度、本地区调度规程、各级人员安全责任制、"两票三制"（工作票、操作票、交接班制、巡回检查制、设备定期试验与轮换制）等规程和制度。这些规章制度都是从事电力生产的人员要认真学习、严格遵循的。

五、电力安全生产组织管理

1. 电力安全生产管理的重要性

安全生产管理是指企业为实现安全生产所进行的一切管理活动。它包括围绕确保职工在生产过程中的安全与健康、设备的正常运行及财产安全而进行的有关计划、决策、组织、指挥、协调和控制方面的一系列活动。

电力安全生产管理是电力企业管理的重要组成部分，是一项政策性强，需要运用多种学科知识进行综合管理的工作。要以"安全第一，预防为主"的安全生产方针为指导，以安全法规、规程制度为基础，从组织上、技术上、管理上、制度上，对人、物、环境采取切实可行的综合治理措施，从根本上解决人身及电网设备的安全和健康问题，促进电力安全生产的顺利发展。

实践证明，除了要有正确的安全生产方针和必不可少的规程、制度、标准之外，还必须建立相应的管理体制来监督、检查和贯彻执行。否则再好的方针、规程、制度、标准，也不可能收到好的效果。

因此，必须加强电力安全生产的管理。

2. 电力安全生产的组织管理

建立健全安全的管理体系是搞好安全工作的根本保证。电力企业经过多年的工作实践，积累并形成了一套适合电力生产特点和规律且行之有效的安全生产管理体系：以行政领导为主体的安全生产指挥体系，以党委书记为核心的安全思想政治工作保证体系，以总工程师为首的安全生产技术保障体系，以安全监察为主，工会协同的安全及劳动保护监督体系。这些是电力企业安全工作的四大保障体系。

电力安全生产管理工作主要包括各项安全生产责任制的建立、完善和贯彻落实；加强两个文明建设，创一流电力企业；健全和完善安全生产保证体系和安全监察体系；加强全过程的安全管理，提高安全工作规范化水平；依靠技术提高全员安全思想技术素质；实行安全生产重奖重罚制度等。

（1）加强领导，全面落实各级安全生产责任制。

电力企、事业单位各级行政正职是本单位、本部门的安全第一责任者，对安全工作全面负责，统筹协调并亲自处理安全生产中的重大问题。各级行政副职负责抓好各自分管范围内的安全工作，并承担相应的安全责任。

安全生产责任制是加强安全管理的重要措施，它的核心是贯彻实行"管生产必须管安全"，"安全生产，人人有责"的原则。建立并完善各级各类人员的安全责任制，使每个职工都有明确的安全职责。做到各负其责、分级控制、分级把关。出现事故，按其责任论处。

（2）加强两个文明建设；创一流电力企业。安全生产水平的高低，实际上是一个物质文明建设和精神文明建设水平的综合反映。衡量一个电力企业安全生产水平高低的主要指标有两个方面：一是发供电的可靠性；二是职工人身安全。可靠性需要完好的设备，需要较高的职工素质。高素质的职工队伍加上高质量的设备，才可能造就高水平的安全生产，才能创造真正的、一流的电力企业。所以，创一流的社会主义电力企业就是使安全生产工作更上一个新台阶，同时安全生产也是企业取得好的经济效益的基础。

（3）健全安全生产保证体系和安全监察体系。

为保证安全生产要健全和完善安全生产保证体系和监察体系。安全生产保证体系是由安全生产指挥体系、安全思想政治工作保证体系、安全生产技术保障体系组成。它贯彻了"安全生产齐抓共管"的原则，充分发挥党、政、工、团各方面的积极性和优势，发动群众，共同搞好安全工作，使安全生产工作制度化、规范化、经常化。

健全安全生产保证体系就是要求全员全方位地做好安全工作，企业生产的每项工作、每个岗位人员都必须时时、处处考虑安全问题，并严格按规章制度办事，协调配合。在生产工作中能够把握大局，统一思想，正确处理安全与其他工作的关系，并从组织、技术上提供可靠的保证。

保证安全的另一个体系是安全监察体系。各单位的安全监察机构由所在单位行政正职主管。要建立和完善以安全监察机构为主，各单位、部门的专兼职安全员为辅的三级安全管理网络。安全监察机构的主要任务是对电力建设和生产的安全过程进行监察。监督其电力安全工作方针、政策及各项规程制度、安全技术措施和反事故技术措施的贯彻执行；监督其发生设备和人身事故的单位认真落实"三不放过"的要求，即事故原因不清不放过，事故责任和受教育者没有受到教育不放过，没有采取防范措施不放过。

（4）加强全过程的安全管理，提高安全工作规范化水平。

保证电力工业的安全生产是电力规划、设计、制造（修造）、建筑、安装、调试及生产管理等各部门的共同任务，需要各部门密切合作，共同负责。因此必须实行电力生产全过程安全管理。要提高安全工作的规范化水平，严格按照电力生产过程的安全管理标准进行工作，以各环节工作的规范、完整、正确和高质量来确保电力安全生产。

（5）依靠技术进步和提高职工队伍素质。

保证安全生产必须强调依靠技术进步。一方面要加强隐患治理，提高设备健康水平，改善设备性能；另一方面，要采用新技术、新方法，增加和完善保证安全的技术手段，提高总体安全水平。当前，要特别注重计算机技术、网络技术、通信技术和电力电子技术在电力系统的应用，努力实施高度自动化、厂站自动化、信息管理现代化、设计制图自动化以及营业抄表收费的微机化、集约化，使各项管理工作程序化，以减少人为的干扰和人员的过失，提高安全生产水平。

电力企业要在现有的设备、装备条件下实现安全生产，很重要的一个方面取决于职工的思想素质和技术素质。要实现电力工业的现代化，就需要有一支高素质的职工队伍，而高素质的职工队伍是靠管理、培训和教育逐步形成的。因此，要不断加强对电业职工的思想教育，把安全生产教育同技术教育、岗位技术培训结合起来，把提高安全意识和自我防护能力同提高技术业务能力结合起来，才能夯实安全工作的基础。

（6）实行安全生产重奖重罚制度。

在安全生产中应贯彻重奖重罚的原则，对安全生产中作出显著贡献的集体和个人，应给予重奖；对在工作中严重失职、违章作业、违章指挥等责任者，给予重罚。情节严重触犯刑律者，应由司法部门追究其刑事责任。

总之，安全管理是一项系统工程，安全管理工作贯穿于电力生产的全过程，因此，必须做好电力生产全过程的安全管理。只有这样才能治标又治本，从根本上解决安全管理中存在的问题，才能把我们的安全生产管理工作搞得更好。

3. 安全管理现代化

安全管理现代化是指现代化管理科学广泛应用于安全生产的各个方面。它包括在管理体制、管理组织、管理手段、管理方法、管理观念等方面实行管理的现代化。传统安全管理属于"事后出发型"，是解决事故发生之后的善后问题的事后管理方法。现代安全管理是在传统安全管理基础上的进一步发展、提高、充实和完善，属于"事前预测型"。它有三个特征：以预防事故为中心，进行预先分析与评价；从提高设备可靠性入手，把安全和生产的稳定发展统一起来；安全部门与生产管理各职能部门协调统一实行全员、全方位、全过程的"三全"管理。

目前较为普遍使用的各种现代化管理方法有以下几个方面。

（1）全面安全管理：就是全目标、全员、全过程、全方位的安全管理。把安全工作的重点放在坚持建设项目主体工程与安全工程"三同时"上，以消除系统的潜在危险；深入研究人与物两大要素在事故致因中的辩证关系，从整体和全局上抓安全生产；建立监察、管理、检测、信息系统和科学决策系统；实行安全目标管理等。

（2）安全目标管理：是使安全管理、安全状况指标化，提出控制指标值和长远目标值，以便检查对比，为安全工作计划提供依据。

（3）安全人机工程：按人对危险及环境的耐受程度，调整机器设施、环境机器操作，以符合人的舒适要求。

（4）安全行为科学与心理学：预先掌握不安全行为度和心理状态的出现，采取有效的措施给予积极影响和疏导，以控制不安全行为。

（5）PDCA循环：是对工作、项目或指标采取调查分析、制定目标、实施整改、总结提高四个步骤的若干循环，从而改善安全状况。

（6）计算机辅助安全管理：可以辅助进行事故统计和分析、隐患整改、违章行为统计分析、生物节律计算等安全管理方法。

（7）电化教育：是在安全教育上采取直观、直感电声方法（电视、录像、幻灯片、录音、现场安全标志声、光化等）。

（8）安全评价：在对系统安全进行分析的基础上，需对系统的危险性进行评价，以便确定危险的后果，提出措施，消除或减轻危险性。

（9）生物节律：按人的体力、智力、情绪波动周期曲线分布，给操作者予以劝告、警告或禁止作业，另行安排工作的指令，以约束行为。

（10）可靠性管理：在预定时间内和规定条件下，保持系统、设备、部件或零件规定功能的一系列管理活动。此外还有预先危险性分析，事故树分析，故障类型及影响分析，AB法，信息管理等现代安全管理方法。总之，掌握应用现代化安全管理的知识和方法，能较好地解决安全工作中的实际问题，使安全工作变"事后出发型"为"事前预测型"，不断提高电力企业的安全管理水平和对事故的控制、预测的能力。

任务二　触电电流计算

一、电流对人体的伤害类型

人体触电是最主要的电气事故之一。人体触电是指人体触及带电体后，电流通过人体，电流能量施于人体而造成的伤害。电流对人体造成的伤害类型主要有电击和电伤两种。

电击是指电流通过人体内部对人体造成的伤害。大部分触电死亡事故都是由电击造成的。电击主要伤害的是人体的心脏、呼吸和神经系统，从而破坏人的生理活动，甚至危及人的生命。例如，电流通过心脏时，心脏泵室作用失调，引起心室震颤，导致血液循环停止；电流通过大脑的呼吸神经系统时，会遏止呼吸并导致呼吸停止；电流通过胸部时，迫使呼吸停顿、引起窒息。所以，电击对人体的伤害属于生理性质的伤害，多数触电死亡事故都是由电击造成的。

电伤是指电流的热效应、化学效应、机械效应及电流本身作用造成的人体伤害。电伤往往出现在高压触电事故中，常在人的肌体留下伤痕，严重时，可导致人的死亡。电伤可分为电烧伤、电烙印和皮肤金属化。

电烧伤是由电流的热效应造成的伤害，分为电流灼伤和电弧烧伤。电流灼伤是指人体与带电体接触时，电流通过人体由电能转换成热能造成的伤害，一般发生在低压设备或低压线路上。电弧烧伤是由弧光放电造成的伤害。电弧温度高达 2 500 ℃ ~ 6 000 ℃，大电流通过人体，可烘干、烧焦机体组织，造成大面积、大深度的烧伤，甚至烧焦、烧掉四肢及其他部位。电弧烧伤是最常见也是最严重的一种电烧伤。

当载流导体较长时间接触人体时，因电流的化学效应和机械效应作用，接触部分的皮肤会变硬并形成圆形或椭圆形的肿块痕迹，如同烙印一样，称为电烙印。

在电流作用下，产生的高温电弧使周围的金属熔化、蒸发并飞溅渗透到皮肤表层，使皮肤变得粗糙、硬化并呈现一定颜色（灰黄色或蓝绿色），称为皮肤金属化。金属化的皮肤经过一段时间后会逐渐剥落。

二、影响触电危险程度的因素

触电的危险程度，即电流对人体的伤害程度取决于以下几个因素。

1. 电流的大小

通过人体电流的大小对触电者的伤害程度起决定性作用，不同电流对人体的影响见表 1 – 1。

表 1 – 1 不同电流对人体的影响

电流/mA	交流电（50 Hz）	直流电
0.6	开始有感觉，手指有麻感	无感觉
2	手指强烈麻刺，颤抖	无感觉
5	手指痉挛，手部剧痛，勉强可以摆脱带电体	感觉痒、刺痛、灼热
20	手迅速麻痹，不能摆脱带电体，剧痛，呼吸困难	手部轻微痉挛
50	呼吸麻痹，心室开始颤动	手部痉挛，呼吸困难
90	呼吸麻痹，持续 3 s 或更长时间则心脏麻痹，心室颤动	呼吸麻痹

对于工频交流电，按照通过人体的电流大小和人体呈现状态的不同，可将其划分为下列三种。

（1）感知电流：是指引起人体感知的最小电流。人体平均感知电流有效值，女性约为 0.7 mA，男性约为 1.1 mA。感知电流一般不会对人体造成伤害。

（2）摆脱电流：是指人触电后能自行摆脱的最大电流。人体的平均摆脱电流，女性约为 10 mA，男性约为 16 mA，儿童的摆脱电流相比成人较小。当电流增大到超过摆脱电流值时，触电者肌肉收缩，发生痉挛而抓紧带电体，将不能自主摆脱电源。摆脱电源的能力随着触电时间的延长而减弱，一旦触电后不能及时摆脱电源，后果将十分严重。

（3）致命电流：是指在短时间内危及生命的最小电流。电击致命的主要原因是电流引起心室颤动造成的。因此，可以认为室颤电流是最小致命电流。

大量的研究资料表明，直流 50 mA 以下、工频 30 mA 以下电流通常不会产生心室颤动的危险，故可视为安全电流。

2. 电压

当人体电阻一定时，作用于人体的电压越高，通过人体的电流越大。实际上，通过人体的电流大小并不与作用于人体上的电压成正比。这是因为随着电压的升高，人体电阻因皮肤破损而下降，导致通过人体的电流迅速增加，从而对人体产生严重的伤害。

3. 人体电阻

人体触电时，人体电阻越大，触电电流越小。人体电阻主要包括人体内部电阻和皮肤电阻。人体内部电阻是固定不变的，与外界条件无关，为 $500 \sim 800$ Ω。皮肤电阻主要由角质层决定，角质层越厚，电阻就越大，一般其值为 $1\,000 \sim 1\,500$ Ω。因此人体电阻一般为 $1\,500 \sim 2\,000$ Ω，为保险起见，通常取 $800 \sim 15\,000$ Ω。如果皮肤角质层有破损，则人体电阻将大为下降。

人体电阻会随时、随地、随人等因素而变化，存在着相当大的不确定性。

4. 电流通过人体的时间

电流对人体的伤害与电流通过人体时间的长短有关。通电时间越长，因人体发热出汗和电流对人体组织的电解作用，人体电阻逐渐降低，导致通过人体的电流增大，触电危险性亦随之增加。

5. 电源频率

触电的伤害程度与电流的频率相关，各种频率触电死亡率统计数据见表 1 - 2。

表 1 - 2　各种频率触电死亡率

频率/Hz	10	25	50	60	80	100	120	200	500	1000
死亡率/%	21	70	95	91	43	34	31	22	14	11

可见，频率在 $30 \sim 60$ Hz 的交流电易引起人体心室颤动，常用的 50 Hz 的工频交流电对人体的伤害程度最为严重。当电源的频率偏离工频越远，对人体的伤害程度越轻。不过，高压高频电流对人体依然是十分危险的。

6. 电流通过人体的途径

电流通过人体头部会使人昏迷而死亡；通过脊髓会导致截瘫及严重损伤；通过中枢神经或有关部位，会引起中枢神经系统强烈失调而导致残疾；通过心脏会造成心跳停止而死亡；通过呼吸系统会造成窒息。实践证明，从左手至脚是最危险的电流路径，从右手到脚、从手到手也是很危险的路径，从脚到脚是危险较小的路径。电流途径与通过心脏电流的百分数见表 1 - 3。

表 1 - 3　电流途径与通过心脏电流的百分数

电流通过人体的途径	通过心脏电流的百分数/%	电流通过人体的途径	通过心脏电流的百分数/%
从一只手到另一只手	3.3	从右手到脚	3.7
从左手到脚	6.4	从一只脚到另一只脚	0.4

三、人体触电的方式

发生触电的情况是多种多样的。经过对大量触电事故的分析，将发生的触电情况大体分为直接接触触电和间接接触触电两大类。

1. 直接接触触电

这是指人体直接接触或过分靠近电气设备及线路的带电导体而引发的触电现象。直接接触触电分为单相触电和两相触电。

1）单相触电

人体站在地面或其他接地体上，人体的某部分触及一相带电体所引起的触电称为单相触电。单相触电的危险程度与系统电压的高低、系统的中性点是否接地以及环境情况等因素有关，是较常见的一种触电事故。

（1）中性点直接接地系统单相触电。在中性点直接接地系统中，发生单相触电时，电流回路如图 1-1 所示。

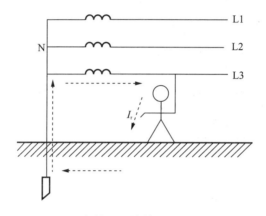

图 1-1 中性点直接接地系统单相触电

通过人体的电流为

$$I_r = \frac{U_p}{R_r + R_0} \tag{1-1}$$

式中　U_p——系统相电压，单位 V；

R_r——人体电阻，单位 Ω；

R_0——系统的接地电阻，单位 Ω。

由于 R_0 比 R_r 小得多，可忽略不计。可见，中性点直接接地系统中发生单相触电时，通过人体的电流取决于系统相电压及人体电阻。例如，对于 380/220 V 三相四线制系统，$U_p = 220$ V，$R_0 = 4\ \Omega$，$R_r = 1\ 000\ \Omega$，则

$$I_r = \frac{U_p}{R_r + R_0} = \frac{220}{1\ 000 + 4} = 219\ (\text{mA})$$

该值已大大超过人体能够承受的能力，足以致命。

防范措施是增大 R_r。如人体站在干燥的木质地板、绝缘垫上或穿绝缘靴，这些材料的电阻可高达 0.5～1 MΩ，仅此一项就可以把流经人体的电流限制在 0.22～0.44 mA。因此，对于有可能误触低压带电部分的电气工作人员来说，在工作时穿戴绝缘靴作为辅助安全用具是十分必要的。

（2）中性点不接地系统单相触电。如图 1-2 所示，在中性点不接地系统中，假设系

统对称，且忽略电网各相纵向参数，图中 Z 为电网的各相对地绝缘阻抗（也称为系统的零序负阻抗，为每相对地绝缘电阻 R 与对地电容 C 的并联值，单位为 Ω），U_{p} 为系统的相电压。当系统正常运行时，三相电压对称，各相对地绝缘阻抗 Z 相同，根据节点电位法，系统中性点 N 与大地 N′点之间的电位差为

$$\dot{U}_{\mathrm{NN'}} = \frac{\dfrac{\dot{U}_{\mathrm{A}}}{Z} + \dfrac{\dot{U}_{\mathrm{B}}}{Z} + \dfrac{\dot{U}_{\mathrm{C}}}{Z}}{\dfrac{1}{Z} + \dfrac{1}{Z} + \dfrac{1}{Z}} = \frac{\dfrac{1}{Z} (\dot{U}_{\mathrm{A}} + \dot{U}_{\mathrm{B}} + \dot{U}_{\mathrm{C}})}{\dfrac{3}{Z}} = 0$$

如果人接触到某相时，则人体电阻 R_{r} 与该相对地绝缘阻抗 Z 并联，这样就彻底破坏了对地绝缘的对称性，此时，变压器中性点与大地间的电位 $\dot{U}_{\mathrm{NN'}} \neq 0$，这说明有电流 I_{r} 流过人体，电流通路如图 1 - 2 所示。

求人身触电电流时，根据戴维南定理可得图 1 - 2 所示的等效电路，如图 1 - 3 所示。

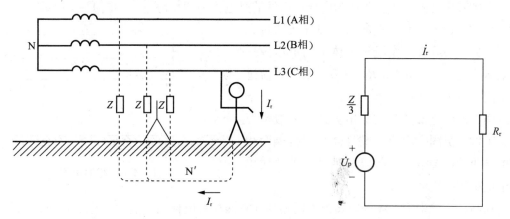

图 1 -2 中性点不接地　　　　　　图 1 - 3　中性点不接地系统
系统单相触电图　　　　　　　　　　　单相触电等效电路图

根据图 1 - 3 所示电路，可求出加在人体上的电压 U_{r} 与流过人体的电流 I_{r} 分别为

$$U_{\mathrm{r}} = \frac{3R_{\mathrm{r}}}{|3R_{\mathrm{r}} + Z|} U_{\mathrm{p}} \tag{1-2}$$

$$I_{\mathrm{r}} = \frac{3U_{\mathrm{p}}}{|3R_{\mathrm{r}} + Z|} \tag{1-3}$$

对于绝缘电阻较低、对地绝缘电容较小的情况，计算时可不计对地电容的影响，只考虑绝缘电阻的影响即可。假设三相对地绝缘电阻均为 R，则式（1-2）、式（1-3）可简化为：

$$U_{\mathrm{r}} = \frac{3R_{\mathrm{r}}}{3R_{\mathrm{r}} + R} U_{\mathrm{p}} \tag{1-4}$$

$$I_{\mathrm{r}} = \frac{3U_{\mathrm{p}}}{3R_{\mathrm{r}} + R} \tag{1-5}$$

对于对地电容较大，同时绝缘电阻又很高的情况，计算时可不计绝缘电阻的影响，只考虑对地电容的影响即可。假设三相对地电容均为 C，则式（1-2）、式（1-3）可简

化为

$$U_{\rm r} = \frac{3R_{\rm r}\,\omega C}{\sqrt{1+9R_{\rm r}^2\,\omega^2 C^2}}U_{\rm p} \qquad (1-6)$$

$$I_{\rm r} = \frac{3\omega C U_{\rm p}}{\sqrt{1+9R_{\rm r}^2\omega^2 C^2}} \qquad (1-7)$$

若 $U_{\rm p}=220$ V，$C=1$ μF，$R=1\,000$ Ω，则由式（1-7）可求得触电电流为 151 mA，远大于人体能够承受的电流，足以致命。由此可知，如果系统各相的对地绝缘电阻很高，但各相的对地电容较大，即使在低压配电网中，电击的危险性仍然很大，实际工作中千万不可掉以轻心。

在高压系统中，人体虽未直接接触带电体，但因安全距离不够，高压系统经电弧对人体放电，也将形成单相触电。

2）两相触电

人体有两处同时触及两相带电导体引发的触电称为两相触电，如图 1-4 所示。

发生两相触电时，电流由一根导线通过人体流至另一根导线，作用于人体上的电压等于线电压。若 $U_{\rm l}=380$ V，$R_{\rm r}=1\,000$ Ω，则流过人体的电流为 380 mA。

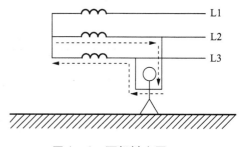

图 1-4　两相触电图

两相触电是最危险的触电方式。一般情况下，工作人员同时用两手或身体直接接触两相带电导线的机会很少，所以两相触电事故比单相触电事故少得多。

在高压系统中，人体同时接近不同相的任意两相带电体时，若发生电弧放电，两相电流经人体形成回路，由此形成的触电也属于两相触电。

2. 间接接触触电

间接接触触电是指当电气设备绝缘损坏而发生接地短路故障时（俗称"碰壳"或漏电勺），其金属外壳或金属架构便带有电压，此时人体接触外壳或架构而引发的触电现象。间接接触触电的主要形式有接触电压触电、跨步电压触电和雷电触电。

当电气设备发生接地故障（如绝缘损坏）或线路的一相发生带电导线断落地面时，因土壤中含有水分及其他导电物质，故障电流（接地电流）$I_{\rm d}$ 会从接地体或导线的落地点（接地点）流入大地，并向四周呈半球形流散，如图 1-5 所示，形成以接地点为球心的半球形"地电场"。在大地中，因球面积与半径的平方成正比，半球的面积将随着远离接地点而迅速增大。所以越靠近短路点，电流通路的截面积越小，电阻越大；越远离接地点，电流通路的截面积越大，电阻越小。通常，在距离接地点 20 m 左右处，半球面积已经达到 2 500 m² 时，土壤电阻已小到可忽略不计，所以可认为在远离接地点 20 m 以外，不再产生电压降，即实际上已经是"零电位"了。接地流散电场分布示意如图 1-6 所示。

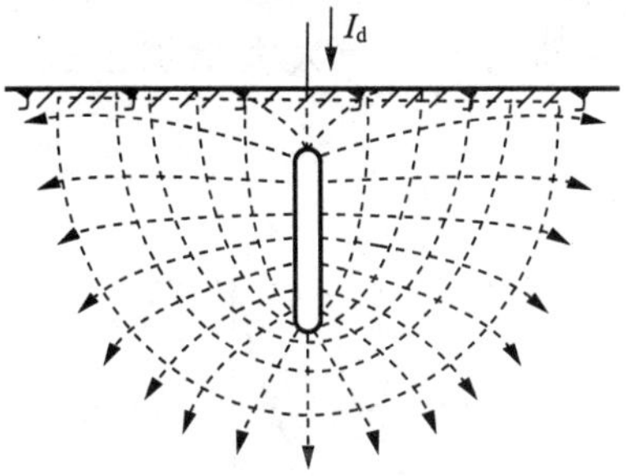

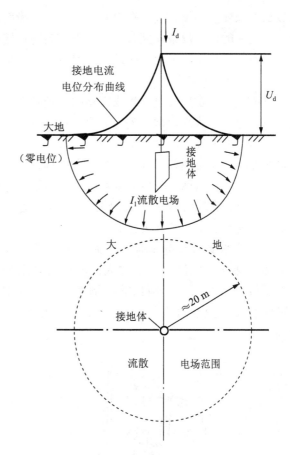

图 1-6 接地流散电场分布示意图

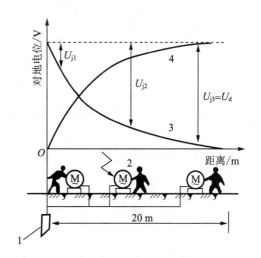
图 1-5 接地电流的流散

1）接触电压触电

当电气设备因绝缘损坏而发生接地故障时，人体的两个部位（通常是手和脚）分别触及漏电设备的外壳和地面时，人体承受的电位差便称为接触电压。接触电压的大小随人体站立点的位置而异。若人体距离接地体越近，则接触电压越小；若人体距离接地体越远，则接触电压越大，如图 1-7 所示。由接触电压引发的触电称为接触电压触电。防范措施：在电力企业或家庭中，人接触漏电设备外壳而触电是常有的现象，严禁裸手赤脚去操作电压设备就是这个道理。由接触电压造成的触电事故还多发生在中性点不接地的 3～10 kV 系统中。

当电气设备绝缘击穿，系统又没有接地保护装置，故障设备不能迅速切除，值班人员需

图 1-7 接触电压触电示意图
1—接地体；2—漏电设备；
3—设备发生接地故障时，接地点附近各点电位分布；
4—人体距接地体位置不同时，接触电压变化曲线

要较长时间才能将设备故障查出时，在查找故障期间，工作人员一旦接触到与该设备处于同一接地网的任一设备外壳时就会触电。为防止接触电压触电，往往把一个车间、一个变电站的所有设备均单独埋设接地体，对每台电动机采用单独的保护接地。

2）跨步电压触电

当电气设备发生接地故障或线路的一相发生导线断落接触地面时，故障电流（接地电流）从接地点向大地流散。若有人进入接地点 20 m 以内的区域，在流散电场内，人体两脚之间承受的电位差便称为跨步电压，如图 1-8 所示，跨步电压的大小随人体站立点的位置而异。距离接地点越近，则跨步电压越大；距离接地点越远，则跨步电压越小。由跨步电压引发的触电称为跨步电压触电。如高压架空导线断线或支持绝缘子绝缘损坏而发生对地击穿时，在导线落地点或绝缘对地击穿点处的地面电位异常升高，在此附近行走或工作的人员就会发生跨步电压触电。

当人体承受跨步电压时，电流一般是沿着人的下身，即从脚到跨部到脚流过，与大地形成通路，电流很少通过人的心脏等重要器官，看起来似乎危害不大，但是，跨步电压较高时，人就会因抽筋而倒在地上，这不但会使作用于身体上的电压增加，还有可能改变电流通过人体的途径而经过人体的重要器官，因而大大增加了触电的危险性。

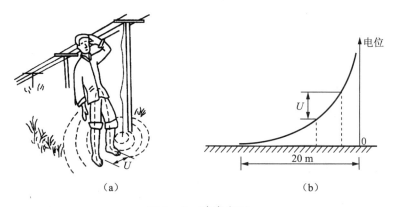

图 1-8 跨步电压
(a) 示意图；(b) 跨步电压 U 变化曲线

防范措施：电力工作人员在平时工作或行走时，当发现设备出现接地故障或导线断线落地时，一定要格外小心，应远离接地短路点地区。规程规定当高压设备发生接地时，室内不得接近故障点 4 m 以内，室外不得接近故障点 8 m 以内。20 m 以外视为安全区域。一旦不小心步入接地短路点区域感觉到有跨步电压时，应赶快把双脚并在一起或用一只脚跳着离开接地短路点，如图 1-9 (a) 所示。当必须进入接地短路点区域救人或排除故障时，应穿绝缘靴，如图 1-9 (b) 所示。

3）雷击触电

雷电时发生的触电现象称为雷击触电，它是一种特殊的触电方式。雷击感应电压高达几十至几百万伏，其能量能将建筑物摧毁，使可燃物燃烧，把电力线、用电设备击穿、烧毁，造成人员伤亡，危害性极大。

图 1-9　脱离跨步电压及救人示意图
(a) 一条腿跳着离开断线地区；(b) 穿绝缘靴或绝缘鞋进入断线地区救人

任务三　防触电措施

一、防直接接触触电技术措施

1. 绝缘措施

绝缘是指用绝缘物质和材料把带电体包括或封闭起来，以隔离带电体或不同电位的导体，使电流按一定的通路流通。通常，在电工技术上将电阻系数大于 $1 \times 10^9 \, \Omega/m$ 的物质所构成的材料作为绝缘材料，如瓷、玻璃、云母、橡胶、木材、胶木、塑料、布、纸和矿物物质油等。绝缘材料应具有一定的机械强度和绝缘强度，如绝缘层应足够牢靠，不采用破坏性手段不会被去掉，绝缘材料在长期运行中能承受机械、化学、电气及热应力的作用等。保持输配电线路和电气设备的绝缘良好，是保证人身安全和电气设备正常运行的最基本要素，也是防止直接触电的重要措施。

绝缘材料由绝缘状态变为导电状态称为绝缘材料的击穿。绝缘材料的击穿主要有电击穿、热击穿和电化学击穿（电老化）三种形式。电击穿是指绝缘材料处在强电场作用下，其内部存在的少量自由电子产生碰撞游离，使传导电子增多，电流增大，如此急剧发展下去，最后导致击穿。热击穿是指绝缘材料在外加电压的作用下产生泄漏电流使绝缘材料发热，当发热大于散热时，将导致绝缘材料温度的升高，由于绝缘材料的绝缘电阻具有负的温度系数，温度的升高使得绝缘电阻减小，泄漏电流进一步增大，而增大的泄漏电流又使绝缘材料进一步发热，恶性循环下去，最终导致绝缘材料被击穿。电化学击穿是指绝缘材料在电场长期作用下，受到腐蚀性气体、蒸汽、粉尘、潮湿、机械损伤等多种因素作用，其物理、化学性能逐渐发生不可逆的劣化，最终导致被击穿。为防止击穿情况的发生，可采取改造制造工艺、定期做预防性试验、改善绝缘的工作条件（如防止潮气侵入、加强散热冷却、防止臭氧与绝缘材料接触）等有效措施。

2. 安全距离

电气安全距离是指人体、物体等接近带电体而不发生危险的安全可靠距离。带电体与地面（水面）之间、带电体与带电体之间、带电体与人体之间、带电体与其他设施和设备之间，均应保持一定距离。通常，在输配电线路和变、配电装置附近工作时，应考虑线路安全距离，变、配电装置安全距离，检修安全距离和操作安全距离等。规程对不同情况的安全距离做了明确规定，设计或安装时都必须遵守这些规定。

1）线路安全距离

（1）架空线路：架空线路可以是裸线，也可以是绝缘线，但即使是绝缘线，若系露天架设，导线绝缘材料也会因风吹日晒和发热老化而极易损坏。为保障线路的安全运行，架空线路导线在弛度最大时与地面或水面的距离不应小于表1-4的数值。

表1-4 导线与地面或水面的最小距离

线路经过地区	线路电压/kV		
	<1	1~10	35
居民区/m	6.0	6.5	7.0
非居民区/m	5.0	5.5	6.0
交通困难地区/m	4.0	4.5	5.0
步行可以达到的山坡/m	3.0	4.5	5.0
步行不能达到的山坡、峭壁或岩石/m	1.0	1.5	3.0

架空线路应避免跨越建筑物。架空线路不应跨越可燃材料作屋顶的建筑物。架空线路必须跨越建筑物时，应与有关部门协商并取得有关部门的同意，导线与建筑物的最小距离不得小于表1-5中的数值。

表1-5 导线与建筑物的最小距离

线路电压/kV	≤1	10	35
垂直距离/m	2.5	3.0	4.0
水平距离/m	1.0	1.5	3.0

架空线路导线与街道或厂区树木的距离不得小于表1-6的数值。

表1-6 导线与树木的最小距离

线路电压/kV	≤1	10	35
垂直距离/m	1.0	1.5	3.5
水平距离/m	1.0	2.0	—

几种线路同杆架设时应取得相关部门同意，且必须保证：

①电力线路应位于弱电线路的上方，高压线路位于低压线路的上方。

②同杆线路的导线间最小安全距离应符合表1-7的规定。

表1-7 同杆线路导线间的最小安全距离   m

项目	直线杆	分支和转角杆	项目	直线杆	分支和转角杆
10 kV 与 10 kV	0.8	0.45/0.60	低压与低压	0.6	0.3
10 kV 与低压	1.2	1.0	低压与弱电	1.5	1.2

转角杆或分支线如为单回路，分支线横担距主干线横担为 0.6 m；如为双回路，则分支线横担距上排主干横担为 0.45 m，距下排主干横担为 0.6 m。

（2）低压配电线路：配电线路与用户建筑物外第一个支持点之间的一段架空导线称为接户线。从接户线引入室内的一段导线称为进户线。接户线对地最小距离应符合表 1-8 的规定。

表 1-8 接户线对地最小距离　　　　　　　　　　m

接户线电压		最小距离	接户线电压		最小距离
高压接户线		4.0	跨越通车困难街道、人行道		3.5
低压接户线	一般	2.5	低压接户线	跨越胡同（里、巷、弄）	3.0
	跨越通车街道	6.0		沿墙敷设对地垂直距离	2.5

低压接户线的线间最小距离应符合表 1-9 的规定。

表 1-9 低压接户线的线间最小距离　　　　　　　　m

架设方式	挡距	线间最小距离	架设方式	挡距	线间最小距离
自电杆上引下	≤25	0.15	沿墙敷设水平排列或垂直排列	≤6	0.10
	>25	0.20		>6	0.15

低压进户线的进线管口对地距离不应小于 2.75 m，高压一般不应小于 4.5 m。

户内低压电气线路有多种敷设方式，安全距离要求各不相同，但均应符合有关规程的要求。

（3）电缆线路：直埋电缆埋设深度不应小于 0.7 m，并应位于冻土层之下。当电缆与热力管道接近时，电缆周围土壤温升不应超过 10 ℃，超过时，必须进行隔热处理。

2）变配电装置的安全距离

变配电装置的安全距离是指变配电装置带电体与其他带电体、接地体、各种遮栏等设施之间的最小允许距离。

（1）A 距离：A 距离是指设备带电部分至接地部分和设备不同相带电部之间的最小距离。A 距离是根据系统最大过电压情况下对应的放电间隙，加上适当的安全裕度确定的，它是确定其他几类安全距离的基础。考虑因下雨、积雪、软母线摇摆、地面不平等因素，室外运行条件较室内运行条件差，室外配电装置的 A 距离略大些，其他各项距离也适当加大。下标 N 表示室内，下标 W 表示室外。

（2）B 距离：B 距离是指设备带电部分至各种遮栏间的安全距离。针对不同的遮栏，相应有三种不同的 B 距离。带电部分至遮栏的安全距离称为 B_1 距离。考虑到工作人员活动时，手臂可能误伸入遮栏里面，而一般人的手臂不超过 750 mm，故规定为

$$B_{1N} = A_{1N} + 750 \quad (mm) \qquad (1-8)$$

$$B_{1W} = A_{1W} + 750 \quad (mm) \qquad (1-9)$$

带电部分至网状遮栏的安全距离称为 B_2 距离。考虑到工作人员活动时，手指可能误伸入网状遮栏里面，而一般人的手指不超过 70 mm，设计网状遮栏加工安装误差 30 mm，故规定为

$$B_{2N} = A_{1N} + 100 \text{（mm）} \tag{1-10}$$

$$B_{2W} = A_{1W} + 100 \text{（mm）} \tag{1-11}$$

这样计算可保证人员手臂或手指误伸入网状遮栏时，手与带电体的距离仍然大于安全距离 A，不致引起放电。

带电部分至板状遮栏的安全距离称为 B_3 距离。板状遮栏无人员手臂或手指伸入的可能，所以只考虑遮栏加工安装误差 30 mm，故规定为

$$B_{3N} = A_{1N} + 30 \text{（mm）} \tag{1-12}$$

（3）C 距离：C 距离是指无遮栏带电体至地面的距离。考虑到工作人员站在地面举手后的高度，一般不超过 2 300 mm，室外地面不平整或冬季积雪等因素增加 200 mm 的安全裕度，故

$$C_{1N} = A_{1N} + 2300 \text{（mm）} \tag{1-13}$$

$$C_{1W} = A_{1W} + 2500 \text{（mm）} \tag{1-14}$$

超高压情况下，空气间隙的放电特性受电极形状影响较大，在 500 kV 系统中的 C 距离取 7 500 mm。

（4）E 距离：E 距离是指穿墙套管至室外路面的距离。靠路的室外路面常有车辆通过，人站在车厢中举手的高度一般不大于 3 500 mm，故

$$E_{1W} = A_{1W} + 3500 \text{（mm）} \tag{1-15}$$

室内配电装置的最小安全净距如图 1-10 和表 1-10 所示。

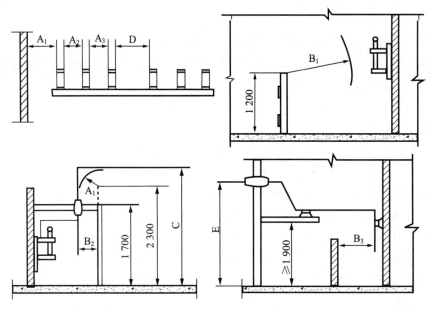

图 1-10　室内配电装置最小安全净距示意图

表 1 -10 室内配电装置的最小安全净距

设备额定电压（kV）	1～3	6	10	35	110J
带电部分至接地部分（A₁）	75	100	125	300	850
不同相的带电部分之间（A₂）	75	100	125	300	900
带电部分至栅栏（B₁）	825	850	875	1 050	1 600
带电部分至网状遮栏（B₂）	175	200	225	400	950
带电部分至板状遮栏（B₃）	105	130	155	330	880
无遮栏带电体至地面间 C	2 375	2 400	2 425	2 600	3 150
不同时停电检修的无遮栏导体间 D	1 875	1 900	1 925	2 100	2 650
穿墙套管至室外通道路面 E	4 000	4 000	4 000	4 000	5 000

室外配电装置的最小安全净距如图 1 -11 和表 1 -11 所示。

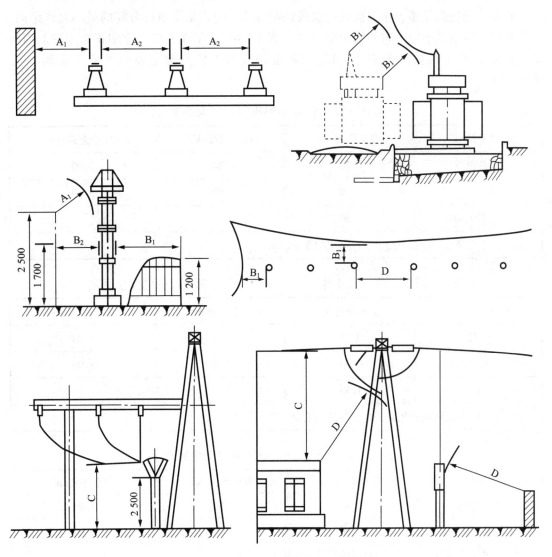

图 1 -11 室外配电装置最小安全净距示意图

表 1-11 室外配电装置的最小安全净距

设备额定电压（kV）	1~10	35	110J	220J
带电部分至接地部分 A_1（mm）	200	400	900	1 800
不同相的带电部分之间 A_2（mm）	200	400	1 000	2 000
带电部分至栅栏 B_1（mm）	950	1 150	1 650	2 550
带电部分至网状遮栏 B_2（mm）	300	500	1 000	1 900
无遮栏带电体至地面间 C（mm）	2 700	2 900	3 400	4 300
不同时停电检修的无遮栏导体间 D（mm）	2 200	2 400	2 900	3 800

2）检修安全距离

检修安全距离是指工作人员进行设备维护检修时与设备带电部分间的最小允许距离。该距离可分为设备不停电时的安全距离（见表 1-12）、工作人员工作中正常活动范围与带电设备的安全距离（见表 1-13）、带电作业时人体与带电体间的安全距离（见表 1-14）。

表 1-12 设备不停电时的安全距离

电压等级/kV	安全距离/m	电压等级/kV	安全距离/m
10 及以下	0.70	220	3.00
20、35	1.00	500	5.00
110	1.50		

注：表中未列电压应选用高一电压等级的安全距离。

表 1-13 工作人员工作中正常活动范围与带电设备的安全距离

电压等级/kV	安全距离/m	电压等级/kV	安全距离/m
10 及以下	0.35	220	3.00
20、35	0.60	500	5.00
110	1.50		

注：表中未列电压应选用高一电压等级的安全距离。

表 1-14 人体与带电体间的安全距离

电压等级/kV	安全距离/m	电压等级/kV	安全距离/m
10 及以下	0.40	110	1.00
20、35	0.60	220	1.80

注：表中未列电压应选用高一电压等级的安全距离。

　　为了防止在检修工作中，人体及其携带工具触及或接近带电体，必须保持足够的检修间距。

　　在低压工作时，人体或其携带工具与带电体的距离应不小于 0.1 m。在高压无遮栏操作时，人体或其携带工具与带电体之间的最小距离，电压等级在 10 kV 及以下时不应小于 0.7 m；电压等级在 20~35 kV 者不应小于 1 m。用绝缘棒操作时，上述距离可减为 0.4 m 和 0.6 m。不能满足上述要求时，应装设临时遮栏。在线路上工作时，人体或其携带工具与临近线路带电导线的最小距离，电压等级在 10 kV 及以下者不应小于 1 m；电压等级在 20~35 kV 者不应小于 2.5 m。

3. 屏护

　　所谓屏护，就是使用屏障、遮栏、围栏、护罩、箱盖等屏护装置将带电体与外界隔离，以控制不安全因素。

　　电气设备的带电部分（如开关电器的裸露部分），在不便于包以绝缘材料或者单靠绝缘材料不足以保证安全的情况下，应对电气设备采取屏护措施。对于高压设备，由于进行全部绝缘往往有困难，当人接近至一定程度时，就会产生严重的触电事故。因此，不论高压设备是否绝缘，均应采取屏护和其他防止接近的措施。变、配电设备也经常采用屏护装置。

　　屏护装置有永久性的，如配电装置的遮栏、开关的罩盖等；也有临时性的，如电气检修作业时，当作业场所临近带电体时，在作业人员与带电体之间、过道、入口等处均应装设可移动的临时屏护装置。有固定屏护装置，如母线的护网；也有移动屏护装置，如随天车移动的天车滑线屏护装置。

　　为了保证屏护装置的有效性，要求屏护装置必须满足以下几点安全条件：

　　（1）屏护装置应有的尺寸。网状遮栏网眼不得大于 20 mm×20 mm，以防止工作人员在检修时将手或工具伸入遮栏内，遮栏高度一般不应低于 1.7 m，下部边缘距离地面不应超过 0.1 m。户内栅栏高度不应低于 1.2 m，户外不应低于 1.5 m。户外配电装置围墙高度不应低于 2.5 m。

　　（2）屏护装置的强度。由于屏护装置不直接与带电体接触，因此对制作屏护装置的材料的导电性没有严格的规定。但是，各种屏护装置都必须具有足够的机械强度和良好的耐火性能。

　　（3）金属材料制作的屏护装置，安装时必须接地或接零。

　　（4）信号和连锁装置。屏护装置一般不宜随便打开、拆卸或挪移，有时还应配合采用信号装置和连锁装置，前者采用灯光或信号、表计指示有电；后者采用专门装置，当人体越过屏护装置可能接近带电体时，被保护的装置自动断电。屏护装置上的钥匙应由专人保管。

　　（5）保证足够的安全距离与标志。就实质而言，屏护装置并没有真正消除触电危险，它只起到隔离作用。屏护一旦被逾越，触电的危险性仍然存在。因此，对电气设备实施屏护措施时可辅以其他安全措施。

　　①屏护装置与被屏护的带电体之间保持必要的距离。如露天或半露天安装的 10 kV 及以下变压器的四周应设固定围栏，变压器外廓与围栏的净距离不得小于 0.8 m。

②被屏护的带电部分应有明显标志，标明规定的符号或涂上规定的颜色。根据屏护对象，在栅栏、遮栏等屏护装置上悬挂"止步，高压危险!"、"禁止攀登，高压危险!"、"当心触电"等标示牌。

二、防间接接触触电技术措施

1. 接地

1）接地装置

埋入地中并直接与大地接触的金属导体，称为接地体（极）。接地体分为水平接地体和垂直接地体。接地体有自然接地体和人工接地体两种形式。可利用作为接地用的直接与大地接触的各种金属构件、金属井管、钢筋混凝土建筑的基础、金属管道和设备等，称为自然接地体。采用钢管、角钢、扁钢、圆钢等钢材制作，作为接地用的埋入地中直接与大地接触的导体称为人工接地体。

连接于接地体与电气设备或杆塔接地端子之间的金属导线称为接地线。接地线包括接地干线和接地支线，如图 1 - 12 所示。

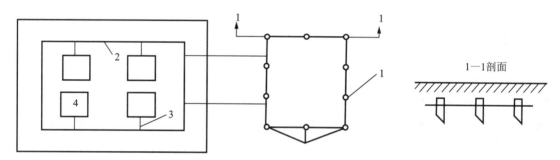

图 1 -12　接地装置示意图
1—接地体；2—接地干线；3—接地支线；4—电气设备

接地体和接地线的总和，称为接地装置。接地装置的作用是降低接地电阻，本身是安全装置，对于防止触电事故的发生有十分重要的意义。要求接地装置必须具备足够的机械强度以及良好的导电能力和热稳定性。安装接地装置时，应做防腐蚀处理，并埋入适当的深度（不得小于 0.6 m），确保连接可靠、防止机械损伤。

2）接地

将电力系统或电气装置的某一部分经接地线与接地体连接，称为接地。

3）接地电阻

人工接地体或自然接地体的对地电阻和接地线电阻的总和，称为接地装置的接地电阻。

接地电阻的数值等于接地装置对地电压与通过接地体流入地中电流的比值。接地体的对地电阻包括接地体电阻、接地体与土壤间的接触电阻以及土壤中的流散电阻。流散电阻是指接地电流自接地体向周围土壤流散时所遇到的全部电阻。由于接地线电阻、接地体电阻、接触电阻相对较小，故常以流散电阻作为接地电阻。

4）接地的分类

根据接地装置的工作特点可分为工作接地、保护接地、防雷接地、防静电接地和屏蔽接地等。其中，工作接地是指在正常或事故状态下，为了保证电气设备可靠运行，将电力系统中某点（如变压器的中性点）与大地做金属连接，如图1-13所示。工作接地的作用是稳定电网的对地电位，降低电气设备的绝缘水平，如三相交流系统的中性点接地。工作接地一般要求接地电阻为0.5~5 Ω。

2. 防间接接触触电的基本措施

防间接接触触电的主要技术措施有保护接地、保护接零、装设剩余电流动作保护器、采用安全电压等。

1）保护接地

（1）保护接地概念。

为防止电气设备绝缘损坏发生碰壳故障（漏电）引发间接接触触电，将电气设备外露金属部分及其附件经保护接地线与深埋在地下的接地体紧密连接起来，称为保护接地，如图1-14所示。

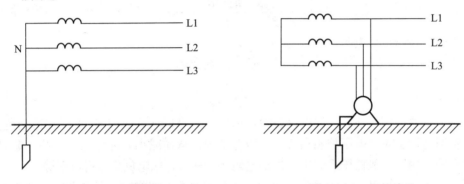

图1-13　工作接地　　　　　　图1-14　保护接地

低压配电系统的保护接地有IT和TT两种。其中，第一字母表示电力系统的对地关系，T表示系统一点直接接地（通常指中性点直接接地），I表示所有带电部分不接地或通过阻抗及等值线路接地；第二字母T表示独立于电力系统的可接地点直接接地。

（2）保护接地的原理。

①IT系统。在中性点不接地系统中，若未采用保护接地，当设备绝缘损坏发生一相碰壳故障时，根据式（1-2）可得漏电设备对地电压

$$U_d = \frac{3R_r}{|3R_r + Z|}U_P \tag{1-16}$$

式中　U_d——漏电设备对地电压，即人体触电电压，单位V；

　　　U_P——系统的相电压，单位V；

　　　R_r——人体电阻，单位Ω；

　　　Z——系统每相对地复阻抗，单位Ω。

当人体接触该设备时，故障电流I_{jd}将全部通过人体流入地中，这显然是危险的。

若设备外壳采用保护接地，则接地体的接地电阻R_d与人体电阻R_r形成并联电路，接地短路电流将同时沿着接地体、人体与系统相对地绝缘阻抗Z形成回路，则流过人体的电流只是I_{jd}的一部分，如图1-15所示。

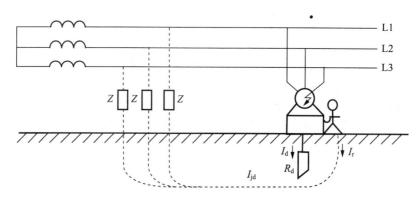

图1-15 IT系统保护原理图

根据式（1-2）可得采用保护接地后漏电设备对地电压为

$$U_d = \frac{3\left(R_r /\!/ R_d\right)}{\left|3\left(R_r /\!/ R_d\right)+Z\right|}U_P \qquad (1-17)$$

式中 R_d——保护接地电阻，单位为 Ω。

由于 $R_r \gg R_d$，故 $R_r /\!/ R_d$，故式（1-17）可简化为

$$U_d = \frac{3R_d}{\left|3R_d+Z\right|}U_P \qquad (1-18)$$

可见，采取保护接地后，漏电设备对地电压大大降低。只要把 R_d 限制在适当范围内，就可以将漏电设备对地电压控制在安全电压范围内，从而减小人体触电的危险，起到保护人身安全的作用。一般低压系统中，接地电阻小于 $4\ \Omega$，触电危险可得以解除。

【例1-1】 某380 V IT系统，由数千米长的电缆线路供电，已知系统对地绝缘阻抗 $Z \approx X_c = 7\ 000\ \Omega$，该系统有人触及故障电机的外壳，试计算在有、无保护接地的情况下通过人体的电流和设备对地电压各为多少？（保护接地电阻为 $4\ \Omega$，人体电阻取 $1\ 700\ \Omega$。）

解： 系统相电压

$$U_P = \frac{380}{\sqrt{3}} = 220\ (V)$$

a. 漏电设备未采用保护接地时，根据式（1-16），对地电压为

$$U_d = \frac{3R_r}{\left|3R_r+Z\right|}U_P = \frac{3\times1\ 000}{\sqrt{\left(3\times1\ 000\right)^2+7\ 000^2}}\times220 = 87\ (V)$$

人触及故障电机的外壳，流过人体的电流为

$$I_r = \frac{U_d}{R_r} = \frac{87}{1\ 000} = 87\ (mA)$$

b. 漏电设备采用保护接地时，根据式（1-18），对地电压

$$U_d = \frac{3R_d}{\left|3R_d+Z\right|}U_P = \frac{3\times4}{\sqrt{\left(3\times4\right)^2+7\ 000^2}}\times220 = 0.38\ (V)$$

人触及故障电机的外壳，流过人体的电流为

$$I_r = \frac{U_d}{R_r} = \frac{0.38}{1\ 000} = 0.38\ (mA)$$

②TT系统。在中性点直接接地系统中，若未采用保护接地，当设备绝缘损坏发生一

相碰壳故障时，人触及故障设备的外壳，相当于中性点直接接地系统发生单相触电的情况，通过人体的电流为

$$I_r = \frac{U_P}{R_r + R_0}$$

漏电设备对地电压为

$$U_d = \frac{U_P \ (R_r /\!/ R_d)}{R_0 + R_r /\!/ R_d} \approx \frac{U_P R_d}{R_0 + R_d} = \frac{U_P}{2}$$

由于 $R_r \gg R_0$，故 $U_d \approx U_P$。

在中性点直接接地系统中，若采用保护接地，一旦发生设备碰壳短路（漏电），则接地短路电流将同时沿着设备接地体、人体与系统的接地体形成通路，保护接地电阻和人体电阻并联，如图 1-16 所示。此时漏电设备对地电压为

$$U_d = U_P \frac{R_r}{R_r + R_0}$$

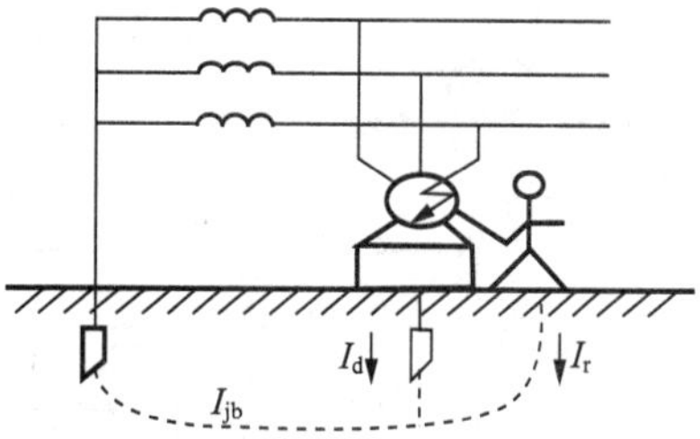

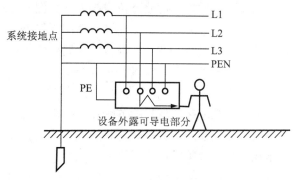

图 1-16 TT 系统保护原理图

在 220 V 低压系统中，采用保护接地时，加在人体上的电压为 110 V，取 $R_r = 17\,000\ \Omega$，则通过人体的电流为 65 mA，对人仍然是危险的。可见，在中性点接地的系统中使用保护接地，可减小触电伤害程度，但不能完全保证安全，需要采用漏电保护器或过电流保护器进行附加保护。

（3）保护接地的适用范围。

综上所述，保护接地仅适合于中性点不接地的系统，在中性点接地的系统中使用不能完全保证安全。

2）保护接零

（1）保护接零的概念。

在中性点直接接地的系统中，把电气设备在正常情况下不带电的金属部分与中性点接地系统的零线连接起来，称为保护接零，如图 1-17 所示。采用保护接零的低压配电系统称为 TN 系统。

（2）保护接零的原理。

如图 1-18 所示，一旦设备发生碰壳事故，接零线形成单相短路，漏电电流将上升为数值很大的短路电流，迫使线路上的保护装置迅速动作而切断电源。

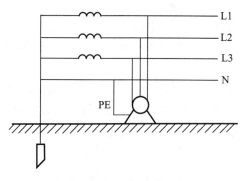

图 1-17 保护接零

图 1-18 保护接零的原理图

（3）保护接零的形式。

TN 系统根据设备金属外壳与系统零线连接方式的不同分为以下三类：

①TN－C 系统。我国当前所普遍采用的 TN 系统（俗称三相四线制）中，保护零线 PE 和工作零线 N 是合为一体的，称为 PEN 线。接零保护时，将设备金属外壳与 PEN 线连接，如图 1－19 所示。

②TN－S 系统。在 TN－S 系统（俗称三相五线制）中，零线 N 和保护零线 PE 在整个系统中是分开的。N 线和 PE 线各尽其责：N 线作为工作回路专用，PE 线作为保护专用，与设备金属外壳连接，如图 1－20 所示。这种接零保护方式具有较高的用电安全性，也是应该大力提倡的。

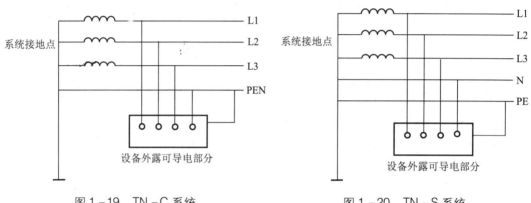

图 1－19 TN－C 系统　　　　　　图 1－20 TN－S 系统

③TN－C－S 系统。在同一 TN 系统中，前一部分保护零线和工作零线合用，后一部分两者分开，即构成 TN－C－S 系统，如图 1－21 所示。组合方式前端用 TN－C，给一般的三相平衡负荷供电，末端采用 TN－S，给少量单相不平衡负荷或对供电质量要求高的电子设备供电。应注意的是，采用 TN－C－S 系统时，PEN 线一经分开为 N 线和 PE 线以后，不得再合并。

（4）对 TN 系统的要求。

①零线上不能安装熔断器和断路器，以防止中性线回路断开时，零线出现相电压而引起触电事故。

②在同一低压电网中，不允许将一部分电气设备采用保护接地，而另一部分设备采用保护接零。否则，当保护接地的用电设备发生碰壳短路时，接零设备的外壳上将产生对地电压 $I_d R_0$，这样将会使故障范围扩大，如图 1－22 所示。

③在接三眼插座时，不允许将插座上接电源中性线的孔同保护线的孔串联。否则，一旦中性线松脱或断开就会使设备的金属外壳带电。正确的接法是由接电源中性线的孔和接保护线的孔分别引出导线接到中性线上。

④在 TN 系统中，除系统中性点必须良好接地外，还必须将零线重复接地。重复接地是指将中性线或接零保护线的一点或数点与地再做金属连接。当零线断线时，若断线点后设备发生碰壳事故，保护接零将失效，采用重复接地可降低断线点后中性线和保护线的对地电压，减轻故障的严重程度。

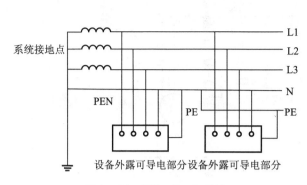

图1-21　TN-C-S系统

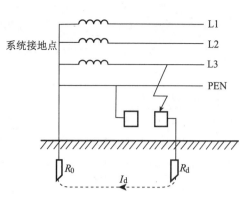

图1-22　同一低压电网中混用保护接地和保护接零的危险

3）漏电保护器

低压配电线路的故障主要是三相短路、两相短路及接地故障。由于相间短路会产生很大的短路电流，可采用熔断器、断路器等开关设备来切断电源。由于其保护动作电流按多过正常负荷电流整定，故动作值大，一般情况下接地故障靠熔断器、断路器难以自动切除，或者说其灵敏度满足不了要求。人们利用电气线路或电气设备发生单相接地短路故障时产生的剩余电流来切断线路或设备电源从而保护电器的装置，称为剩余电流动作保护器，简称剩余电流保护器，俗称漏电保护器，英文缩写RCD。

根据工作原理，漏电保护器可分为电压型、电流型和脉冲型三种。电压型保护器接于变压器中性点和大地间，当发生触电时中性点偏移对地产生电压，以此来使保护动作切断电源，但由于它是对整个配变低压网进行保护，不能分级保护，因此停电范围大，动作频繁，所以已被淘汰。脉冲型电流保护器是当发生触电时，以三相不平衡漏电流的相位、幅值产生的突然变化为动作信号，但也有死区。目前应用广泛的是电流型漏电保护器。

（1）电流型漏电保护器的工作原理。

电流型漏电保护器（简称漏电保护器）主要包括检测元件（零序电流互感器）、中间放大环节（包括放大器、比较器、脱扣器）、执行元件（主开关）以及试验元件等几个部分。

检测元件是一个零序电流互感器。被保护的相线、中性线穿过环形铁芯，构成了互感器的一次绕组N1，缠绕在环形铁芯上的绕组构成了互感器的二次绕组N2。

中间环节通常包括放大器、比较器、脱扣器，中间环节的作用就是对来自零序互感器的漏电信号进行放大和处理，并输出到执行机构。

执行机构用于接收中间环节的指令信号，实施动作，自动切断故障处的电源。

由于漏电保护器是一个保护装置，因此应定期检查其是否完好、可靠。试验装置就是通过试验按钮和限流电阻的串联，模拟漏电路径，以检查装置能否正常动作。

图1-23所示为三相四线制供电系统的漏电保护器工作原理示意图。在被保护电路工作正常，没有发生漏电或触电的情况下，由基尔霍夫电流定律可知，通过电流互感器一次侧的电流相量和为零，即

$$\dot{I}_{L1} + \dot{I}_{L2} + \dot{I}_{L3} + \dot{I}_{N} = 0 \tag{1-19}$$

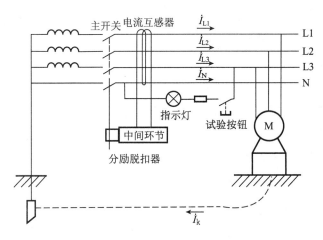

图 1-23　漏电保护器工作原理示意图

这使得电流互感器铁芯中的磁通的相量和也为零，即

$$\dot{\Phi}_{L1} + \dot{\Phi}_{L2} + \dot{\Phi}_{L3} + \dot{\Phi}_{N} = 0 \qquad (1-20)$$

因此，电流互感器的二次侧不感应电动势，漏电保护器不动作，系统维持正常供电。

当被保护电路发生漏电或有人触电时，由于剩余电流 h 的存在，通过电流互感器一次侧各相电流的相量和不再等于零，即

$$\dot{I}_{L1} + \dot{I}_{L2} + \dot{I}_{L3} + \dot{I}_{N} = \dot{I}_{K} \qquad (1-21)$$

此时，电流互感器铁芯中磁通的相量和也不等于零，铁芯中出现了交变磁通，即

$$\dot{\Phi}_{L1} + \dot{\Phi}_{L2} + \dot{\Phi}_{L3} + \dot{\Phi}_{N} = \dot{\Phi}_{K} \qquad (1-22)$$

在交变磁通作用下，零序电流互感器二次绕组感应出电动势，二次侧有了输出信号，这个信号经过放大、比较元件判断，如达到预定动作值，即发执行信号给执行机构动作掉闸，切断电源。

单极二线漏电保护器、二极二线漏电保护器、三极三线漏电保护器的工作原理与此相同。

（2）漏电保护器的应用。

漏电保护器是防止低压电网剩余电流造成故障危害——间接接触触电的有效技术措施。

低压电网漏电保护一般采用总保护、中级保护、和末级保护的多级保护方式。总保护和中级保护范围用于及时切除低压电网主干线和分支线路上断线接地等产生较大剩余电流的故障；末级保护装于用户受电端，用于防止设备绝缘损坏（漏电）发生的人身间接接触触电。

在防直接接触触电措施中，漏电保护器只作为防直接接触触电事故基本措施的补充安全措施。对保护范围内出现的相相、相零间引起的触电危险，漏电保护器不起作用。

（3）漏电保护器的技术参数

①额定电压 U_N：规程推荐优选值为 220 V、380 V。

②额定电流 I_N：允许长期通过的负荷电流。

③额定漏电动作电流 $I_{\triangle N}$：制造厂规定的漏电保护器必须动作的漏电电流值（剩余电流值），推荐采用 10 mA、15 mA、30 mA、50 mA、100 mA、300 mA、500 mA、1 000 mA、3 000 mA 等。

④额定漏电不动作电流 $I_{\triangle N0}$：制造厂规定的漏电保护器必须不动作的漏电电流值（剩余电流值）。额定漏电不动作电流优选 $0.5I_{\triangle N0}$ 漏电电流值（剩余电流值）小于或等于 $I_{\triangle N0}$ 时必须保证不动作。

⑤额定漏电动作时间：是指从突然施加额定漏电动作电流起，到保护电路被切断为止的时间。如 30 mA·0.1 s 的保护器，从电流值达到 30 mA 起，到主触点分离止的时间不超过 0.1 s。

漏电保护器与电源开关组合时还有额定频率、额定短路接通能力、过电流能力、极数等特性参数。

（4）漏电保护器动作参数的选用。

漏电保护器具有动作灵敏，切断电源时间短等优点。合理选用漏电保护器，对于保护人身安全、防止设备损坏和预防火灾会有非常重要的作用。

选择漏电保护器技术参数时，应注意与被保护设备或线路的技术参数和安装使用的具体条件相配合。手持式电动工具、移动电器、家用电器等设备应优先选用额定漏电动作电流不大于 30 mA、0.1 s 内动作的漏电保护器。单台电气设备，可根据其容量大小选用额定漏电动作电流 30 mA 以上、100 mA 及以下，0.1 s 内动作的漏电保护器。

医院中的医疗电气设备，因为要与病人接触，而病人心室颤动的阈值比正常人低，安装漏电保护器时，应选用额定漏电动作电流为 6 mA、0.1 s 内动作的漏电保护器。安装在潮湿场所（如工厂的镀锌车间、清洗场）的电气设备应选用额定漏电动作电流为 15 mA、0.1 s 内动作或额定漏电动作电流 610 mA 的反时限特性漏电保护器。

安装在游泳池、喷水池、水上游乐园、浴室等特定区域的电气设备应选用额定漏电动作电流为 10 mA、0.1 s 内动作的漏电保护器。

在金属物体上工作，操作手持式电动工具或使用非安全电压的行灯时，应选用额定漏电动作电流为 10 mA、0.1 s 内动作的漏电保护器。

选用分级保护方式时，上下极漏电保护器的动作时间差不得小于 0.2 s。选用的漏电保护器的额定漏电不动作电流，应不小于被保护电气线路和设备正常运行时泄露电流最大值的 2 倍。

（5）漏电保护器的运行维护。

由于漏电保护器是涉及人身安全的重要电气产品，因此在日常工作中要按照国家有关漏电保护器的规定，做好运行维护工作。

①漏电保护器投入运行后，应每年对保护系统进行一次普查，普查的重点项目有测试漏电动作电流值是否符合规定、测量电网和设备的绝缘电阻、测量中性点漏电流并消除电网中的各种漏电隐患、检查变压器和电机接地装置有无松动和接触不良。

②电工每月至少对保护器用试跳器试验一次。每当雷击或其他原因使保护器动作后，应做一次试验，雷雨季节需增加试验次数。停用的保护器使用前应试验一次。

③保护器动作后，若经检查未发现事故点，允许试送电一次；如果再次动作，应查明

原因，找出故障，不得连续强送电。

④在保护范围内发生人身触电伤亡事故，应检查保护器动作情况，分析未能起到保护作用的原因。在未调查前保护好现场，不得改动保护器。

⑤漏电保护器故障后要及时更换，并由专业人员检修，严禁私自撤除漏电保护器。

4）安全电压

不危及人身安全的电压称为安全电压。安全电压能将人员触电时通过人体的电流限制在安全电流范围内，从而在一定程度上保障了人身安全。采用安全电压供电，是一种对直接接触触电和间接接触触电兼顾的防护措施。

（1）安全电压值。

安全电压值取决于人体允许电流（安全电流）和人体电阻的大小。在触电电源不会自动消除的情况下，我国规定这个安全系列交流电的上限值为 50 V，这一限值是根据人体允许电流 30 mA 和人体电阻 17 000 的条件定的。

国家标准 GB/T 3805—2008《特低电压（ELV）限值》规定我国安全电压额定值的等级为 42 V、36 V、24 V、12 V 和 6 V，应根据作业场所、操作员条件、使用方式、供电方式、线路状况等因素选用。当电气设备采用了超过 24 V 电压时，必须采取防止直接接触电击的措施。

目前，我国采用的安全电压以 36 V 和 12 V 两个等级居多。凡手提照明灯、危险环境和特别危险环境的局部照明灯、高度不足 2.5 m 的一般照明灯、危险环境和特别环境中使用的携带式电动工具，如果没有特殊安全结构或安全措施，应采用 36 V 安全电压。凡工作地点狭窄、行动不便及周围有大面积接地导体的环境（如金属容器内、隧道内、矿井内），所使用的手提照明灯应采用 12 V 电压。

对于水下的安全电压额定值，我国尚未规定，国际电工委员会（IEC）规定为 2.5 V。

（2）电源及回路配置。

①安全电压电源。安全电压是为防止触电事故而采用的特定电源供电的电压。特定电源包括安全隔离变压器和独立电源。安全隔离变压器是指一、二次绕组之间有相当于双重绝缘或加强绝缘的良好绝缘，其间还可用接地的屏蔽进行隔离，且二次绕组与大地不构成回路的变压器。安全隔离变压器即使发生高压击穿事故，也仅是一次绕组与铁芯形成短路，在一次绕组和二次绕组之间不会发生直接击穿。为进行短路保护，一、二次侧均安装熔断器。为了以防万一，该类变压器的外壳及屏蔽隔离层必须按规定接地或接零。

独立电源是指与安全隔离变压器的安全性能相当的发电机、蓄电池、电子装置等。通常采用安全隔离变压器作为安全电压电源。

②回路配置。安全电压回路的带电部分必须与较高电压的回路保持电气隔离，并不得与大地、保护接零（地）线或其他电气回路连接。

电气隔离是指工作回路与其他回路实现电气上的隔离。电气隔离是采用 1:1，即一、二次侧电压相等的隔离变压器来实现的。其保护原理是在隔离变压器二次侧构成一个不接地的电网，因而阻断了在二次侧工作的人员发生单相触电时的电击电流通路，如图 1-24 所示。

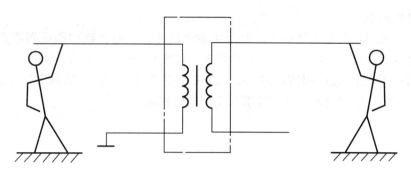

图 1-24　变压器一、二次回路无电气连接的示意图

电气隔离的回路必须符合以下条件：

a. 二次侧保持独立。由于变压器一次侧零线是接地的，如果变压器的一、二次侧有电气连接，当有人在二次侧单相触电时就可能通过一、二次侧的连接处，经一次侧的接地电阻构成回路。因此，电源变压器的一、二次侧不得有电气连接，且应具有加强绝缘结构。

为了保证安全，隔离回路不得与其他回路及大地有任何连接。凡采用电气隔离作为安全措施的，必须有防止二次回路故障接地和串联其他回路的措施。因为一旦二次侧发生接地故障，这种措施将完全失去作用。

b. 二次侧线路要求。二次侧线路电压过高或线路过长，都会降低回路对地绝缘水平，增大接地故障危险。因此，必须限制电源电压和二次侧线路的长度。按规定，应保证电源电压 $U \leqslant 500$ V，线路长度 $L \leqslant 200$ m，电压与线路长度的乘积 $UL \leqslant 100\ 000$ Vm。二次回路较长时应装设绝缘监测装置。

c. 等电位连接。如隔离回路带有多台用电设备或器具，则各台设备或器具的金属外壳应采取等电位连接措施，如图 1-25 所示。如果没有等电位连接线，当隔离回路中两台距离较近的设备发生不同相线的碰壳故障时，这两台设备的外壳将带有不同的对地电压，如有人同时触及这两台设备，则接触电压为线电压，触电危险性极大。因此，采用等电位连接是非常必要的。

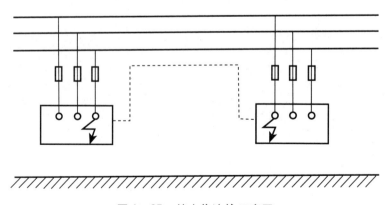

图 1-25　等电位连接示意图

③插销座。安全电压设备的插销座不得采用带有接零或接地的插头或插孔。为了保证不与其他电压的插销座有插错的可能，安全电压应采用不同结构的插销座，或者在其插销

座上做明显的标志。

如果电压值与安全电压值相等，由于功能上的原因，电源或回路配置不符合上述要求，则称之为功能特低电压。其补充安全措施为装设必要的屏护或加强设备的绝缘性，以防直接电击；当安全回路一次侧保护零线或保护接地线连接时，一次侧应装设防止触电的自断装置，以防止间接电击。其他要求与安全电压相同。

项 目 二

电力安全生产技能

项目描述

事故发生前两日，甲变电站主变瓦斯继电器渗油，轻瓦斯发信号。事发当日副站长陈某向变电工区汇报，工区主任张某、副主任李某和电修班班长韩某在该站副站长陈某的配合下，没有办理第二种工作票，就在主变瓦斯继电器处检查和处理渗油。09:32，220 kV甲主变三侧开关跳闸，副站长向中调汇报："没有任何保护动作信号"；09:37，110 kV 戊丙线遭雷击发生 A 相接地短路，110 kV 乙变电站乙甲线开关跳闸（零序 I 段保护）；电厂至甲变电站线路开关跳闸（零序不灵敏 I 段），110 kV 戊站戊丙线开关跳闸（零序不灵敏 II 段）；主变两侧开关跳闸（零序电流 II 段）；110 kV 庚站通三线开关跳闸（零序电流 II 段），随后电厂机组因线路故障跳闸后负荷过少（约 1 MW），造成超速高频保护动作跳闸。由于甲、乙、丙、丁、戊、己、庚等 7 个变电站全部停电，从而导致南部电网大面积停电的重大事故。09:40，中调令合上 220 kV 甲主变 220 kV 侧开关；09:59，合上主变110 kV 侧开关；10:20 合上 110 kV 甲丙线开关，恢复对该市供电。这次事故造成全市停电 48 分钟，事故损失电量 5.48×10^4 kW·h。

知识准备

在电力安全生产过程中，贯彻"安全第一，预防为主"的方针，必须在实际工作中采取严密的组织措施和行之有效的技术措施，才能避免或减少事故的发生，确保人身与设备的安全。从通用工作安全技能、供电安全技能和火力发电安全技能等三个方面入手，学习电力安全生产技能必备的基础知识，为今后学习和工作奠定一定的理论基础。

项目目标

（1）掌握通用工作安全技能知识。
（2）掌握供电安全技能知识。
（3）掌握火力发电安全技能。

知识链接

任务一 通用工作安全技能

一、一般机械加工

进行机械操作时应做好如下安全措施：

（1）检修机械必须严格执行断电、挂禁止合闸警示牌和设专人监护的制度。机械断电后，必须在确认其确已停止运转后方可进行工作，机械检修完毕，必须确认检修人员全部撤离后方可进行试转。

（2）人手直接接触的机械，必须有紧急制动装置，机械设备各传动部位必须有可靠防护装置；各人孔、投料口、螺旋输送机等部位必须有盖板、护栏和警示牌。

（3）各机械开关布局要合理，必须符合两条标准：一是便于操作者紧急停车；二是避免误开动其他设备。

（4）对机械进行清理积料、捅卡料等作业，应停机断电挂警示牌。

（5）严禁无关人员进入危险因素大的机械作业现场，非本机械作业人员因事必须进入的，要先与当班机械操作者取得联系，做好安全措施方可进入。

（6）操作各种机械的人员必须经过专业培训，并经考试合格后方可进行操作。

（7）正确使用劳动防护用品，严格执行各项规章制度。

二、材料、设备的堆放与保管

材料、设备的堆放与保管应符合以下要求：

（1）材料、设备应按施工平面布置规定的地点堆放整齐并符合搬运及消防的要求。堆放场地应平坦、不积水，地基应坚实。现场拆除的模板、脚手杆以及其他剩余器材应及时清理回收，集中堆放。

（2）各类脚手杆、脚手板、紧固件以及防护用具等均应存放在干燥通风处，防腐、防火。

（3）易燃易爆及有毒物品等应分别存放在专用仓库内，并按规定严格管理。

（4）酸类及有害人体健康的物品应放在专门的库房内，并做出标记，库房内应保持通风。

三、搬运

1. 人工搬运

当进行人工搬运时，应注意以下几项：

（1）工作人员应根据搬运物件的需要，穿戴披肩、垫肩、手套、口罩、眼镜等防护用品。

（2）不准肩荷重物登上移动式梯子或软梯。

（3）容易破碎的物品必须放在适当的框、篮或架子上搬运。

（4）管子、工字铁梁等长形物件，搬运时应注意防止物件甩动，打伤附近的员工或设备，用车推时应绑好。

（5）加热的液体应放在专门的容器内搬运，并且不得盛满，应用车子推或二人抬，不准一人肩荷搬运。

2. 叉车作业安全须知

叉车作业安全须知如下：

（1）叉车要由取得驾驶叉车许可证的人员操作，作业时，要穿工作服、安全鞋、戴安全帽，要遵守叉车作业安全规程。

（2）开车前，检查叉车的制动系统、液压系统、装卸系统、操纵系统、前后大灯、方向指示器、警报装置、车轮等有无异常，如有异常，必须排除后方可作业。

（3）进行检查、维修时，在司机座上挂标志牌。

（4）禁止非司机搭乘，禁止有人进入叉车载运货物的下方。

（5）作业时，在货物前停车，确认货物及货盘位置，装货后，将货叉升至距地面5～10 cm的高度，确认装载的货物无异常。

（6）松散的货物事先用带子等固定好，当货物松散、不正不稳，需要调整时，必须下车调整。

（7）对超过允许载重、货物不稳或偏心载荷的问题，要在将货物降至地面后再进行纠正。

（8）堆货太高，影响视线时，应倒行。

（9）遵守厂内的限速规定，倒车时要降速，转弯时注意外侧方向。

（10）卸货时，边确认卸货位置，边缓慢卸货，直到货叉完全从货盘上抽出。

（11）司机确认在驾驶台能看到指挥人员，司机要按指挥人员的信号运行。

（12）下车时，车停在安全平地，货叉落地，立柱前顷，关发动机、刹车，货叉叉入货盘，拔出钥匙。

（13）人员因检修而进入货叉下方时，为防止货叉突然落下，应使用安全支柱。

四、高处作业"十不登高"

凡离地面2 m及以上的地点进行的工作都应视作高处作业。担任高处作业的人员必须身体健康。高处作业应遵守以下"十不登高"的要求：

（1）患有登高禁忌症者，如高血压、心脏病、贫血、癫痫等，不登高。

（2）未按规定办理高处作业审批手续的不登高。

（3）没有戴安全帽、系安全带，不扎紧裤管和无人监护时不登高。

（4）暴雨、大雾、六级以上大风时，露天不登高。

（5）脚手架、跳板不牢不登高。

（6）梯子脚无防滑措施不登高。

（7）穿着易滑鞋和携带笨重物件不登高。

（8）石棉瓦和玻璃钢瓦片上无牢固跳板不登高。

（9）高压线旁无遮栏不登高。

（10）夜间照明不足不登高。

五、起重机"十不吊"

起重机械只限于熟悉使用方法并经考试合格、取得合格证的人员使用，进行起吊工作时，应遵守以下"十不吊"：

（1）指挥信号不明或乱指挥不吊；

（2）超负荷不吊；

（3）工件紧固不牢不吊；

（4）吊物上面有人不吊；

（5）安全装置不灵不吊；

（6）工件埋在地下不吊；

（7）光线阴暗看不清不吊；

（8）斜拉工件不吊；

（9）棱角物件没有防护措施不吊；

（10）六级以上的大风，露天不吊。

六、焊接作业

1. 焊割作业"十不焊割"

焊割作业"十不焊割"指：

（1）焊工未经安全技术培训考试合格，未领取操作证者不能进行焊割；

（2）在重点要害部门和重要场所施焊，未采取防火措施，未经单位有关领导、车间和安全保卫部门批准，未办理动火证手续者，不能焊割；

（3）在禁火区内（防爆车间、危险品仓库附近）未采取严格的隔离措施，不能焊割；

（4）未经领导的同意，车间、部门擅自拿来的物件，在不了解其使用情况和构造情况下，不能焊割；

（5）焊接场所附近有易燃物品，未做清除或未采取安全措施，不能焊割；

（6）在容器内工作时，如没有 12 V 低压照明、通风不良及无人在外监护不能焊割；

（7）盛装过易燃、易爆气体（固体）的容器管道，未经碱水等彻底清洗和处理，未消除火灾、爆炸危险的，不能焊割；

（8）对用可燃材料作为保温、隔热、隔声设施的部位，未采取切实可靠的安全措施，不能焊割；

（9）有压力的管道或密闭容器，如空气压缩机、高压气瓶、高压管道、带气锅炉等，不能焊割；

（10）在一定距离内有与焊割明火安全操作相抵触的工作，如汽油擦洗、喷漆、罐装汽油等，不能焊割。

2. 气割气焊安全规定

气割气焊安全规定如下：

（1）焊接场所 10 m 内不得存放易燃易爆物品。

（2）禁止在输电线路下放置乙炔瓶、氧气瓶等气焊设备。

（3）操作者在焊接过程中，所使用的各种气瓶都应该立放稳固或装在胶轮车上使用，而且不得剧烈振动及受阳光曝晒，开启时要使用专用扳手。

（4）电焊和气焊在同一场所时，氧气瓶必须采取绝缘措施，乙炔气瓶要有接地措施。

（5）焊接所使用的氧气瓶要远离明火或热源 10 m 以上，乙炔瓶与明火距离保持 3 m 以上。

（6）严禁将正在燃烧的焊割炬随意放置。

（7）气焊设备严禁沾染油污和搭设各种电缆。

3. 使用气瓶安全要求

使用气瓶的安全要求如下：

（1）使用气瓶前要进行检查，如发现气瓶颜色、钢印等辨别不清，检验超期，气瓶损伤（变形、划伤、腐蚀等），气瓶质量与标准不符等现象，应拒绝使用，并做妥善处理；

（2）使用气瓶时，一般应立放，不得靠近火源。气瓶与明火距离、可燃与助燃气体气瓶之间的距离，不得小于 10 m；

（3）气瓶要防止曝晒、雨淋、水浸；

（4）禁止敲击、碰撞气瓶。严禁在气瓶上焊接、引弧，不准用气瓶做支架和铁砧；

（5）注意操作顺序。开启瓶阀应轻缓，操作者应站在瓶阀出口的侧面，关闭瓶阀应轻而严，不能用力过大，以免关得太紧、太死；

（6）注意保持气瓶及附件清洁、干燥，防止沾染油脂、腐蚀性介质、灰尘等；

（7）气瓶阀结霜、冻结时，不得用火烤。可将气瓶移入室内或气温较高的地方，或用 40 ℃以下的温水冲浇再缓慢地打开瓶阀。

七、爆破工作

爆破作业是一项危险性大的工作，在进行工作时，应主要注意以下几项：

（1）进行爆破工作必须有专门的操作规程和安全制度，要严格遵守。只允许经过专门训练的人员执行爆破任务和帮助搬运爆炸物品。

（2）炸药和雷管的贮存和使用必须遵守有关的安全规定。

（3）爆破作业只准由一人负责统一指挥。必须在得到爆破指挥者同意后才能进行爆破。

（4）爆破作业完毕，必须清点雷管药包数目是否相符，再把剩余的雷管和药包退回仓库。

任务二　供电安全技能

一、保证安全的组织措施

电工作业要严格执行六项制度，即：

（1）工作票制度；

（2）安全措施制度；

（3）工作许可制度；

（4）工作监护制度和现场看守制度；

（5）工作间断和转移制度；

（6）工作终结、验收和恢复制度。

停了电为什么还要验电呢？要知道线路虽然停了电，但不能保证绝对就没有电，如：刚停电线路有残余电荷；与其他带电线路交叉时的感应电；线路平行之间的电容电；导线与风摩擦产生的静电，还有雷雨天产生的雷电；不留意误登杆、误操作及反送电等很多。这些电，有的虽然电不死人，但也能吓死人（人紧张后会从杆上摔下死亡）。无论线路检修或是变电站检修作业时，一定要执行这六项制度，严格组织实施，按规定办理各种手续。

二、保证安全的技术措施

电工作业中要严格执行四项安全技术措施，即：

（1）停电（断开电源）；

（2）验电；

（3）挂接地线；

（4）装设遮栏和悬挂标示牌。

验电要使用相应电压等级的验电器。在验电前，一定要在同级带电体或设备上验明验电器是好的。验明线路确无电压后，才能采取挂地线。因为大地是零电位，假如不挂接地，线路上所带的电容电或感应电等就无法与大地中和，也就难以保证线路不带电。为保证安全作业，还要悬挂警示标牌和装设遮栏。

三、电气、线路操作票及工作票

工作票、操作票制度是电力行业保证安全的一项重要制度，设备由运行状态转入检修状态，由检修人员进行检修，检修完毕后，设备再由检修状态转为运行状态，每个状态的转换过程都需要用工作票和操作票来把关，如检修工作要填写工作票。执行工作票制度包括工作票填写与签发、工作许可、工作监护、工作间断、工作转移和工作终结。进行系统状态的转换时需要使用操作票，执行操作票制度包括发布和接受操作任务、填写操作票、审查与核对操作票、操作执行命令的发布和接受、进行倒闸操作、操作完毕的汇报盖章和记录，否则，电力系统将不能够安全运行及检修。因此，每个职工都应熟知制度内容，并在工作中严格执行。

四、电气操作

对电气操作的基本要求如下：

（1）电气操作必须根据值班负责人的命令执行，执行时应由两人进行，低压操作票由操作人填写，每张操作票只能执行一个操作任务。

（2）电气操作前，应核对现场设备的名称、编号和断路器、隔离开关的分合闸位置。操作完毕后，应进行全面检查。

（3）电气操作顺序：停电时应先断开断路器，后断开隔离开关或熔断器，送电时与上述顺序相反。

（4）合隔离开关时，当隔离开关动触头接近静触头时，应快速将隔离开关合入，但当隔离开关触头接近合闸终点时，不得有冲击，拉隔离开关时，当动触头快要离开静触头时，应快速断开，然后操作至终点。

（5）断路器、隔离开关操作后，应进行检查。合闸后，应检查三相接触是否良好，连动操作手柄是否制动良好，拉闸后，应检查三相动、静触头是否断开，动触头与静触头之间的空气距离是否合格，连动操作手柄是否制动良好。

（6）操作时如发现疑问或发生异常故障均应停止操作，待问题查清处理后，方可继续操作。

（7）严禁以投切熔件的方法对线路（干线或分支线）进行送（停）电操作。

五、停电

当设备需要检修时，应该把需检修的设备退出运行状态，对设备进行停电工作。《电业安全工作规程》规定：停电时必须把各方面的电源完全断开（任何运用中的星形接线设备的中性点，必须视为带电设备）。禁止在只经断路器（开关）断开电源的设备上工作。必须拉开隔离开关（刀闸），使各方面至少有一个明显的断开点。与停电设备有关的变压器和电压互感器，必须从高、低压两侧断开，防止向停电检修设备反送电。断开断路器和隔离开关的操作，必须在操作把手上加锁。当两台变压器低压侧共用一个接地体，其中一台配电变压器出线检修时，另一台变压器也必须停电。

六、验电

进行验电时，必须用电压等级合适而且合格的验电器，在检修设备进出线两侧各相分别验电。验电前，应先在有电设备上进行试验，确证验电器良好。如果在木杆、木梯或木架构上验电，不接地线不能指示者，可在验电器上接地线，但必须经值班负责人许可。高压验电必须戴绝缘手套，且验电时应使用相应电压等级的专用验电器。

七、装设接地线

当验明设备确已无电压后，应立即将检修设备接地并三相短路。这是防止工作人员在工作地点因突然来电受到伤害的可靠安全措施。同时，设备断开部分的剩余电荷，亦可因接地而放尽。

装设接地线必须由两人进行，若为单人值班，只允许使用接地开关接地，或使用绝缘棒合接地开关，装设接地线必须先接接地端、后接导体端，且必须接触良好。

八、悬挂标示和装设遮拦

检修设备完成停电、验电、装设接地线后，还应按照《电业安全工作规程》（发电厂和变电所电气部分）的要求，悬挂安全标示牌、装设遮栏。例如，在检修工作地点悬挂"在此工作"标示牌；安全距离小于规定距离以内的未停电设备，应装设临时遮栏；在室内高压设备上工作，应在工作地点两旁间隔和对面间隔的遮栏上和禁止通行的过道挂"止步，高压危险"的标示牌。

九、高压设备巡视

巡视高压设备应注意以下几点：

（1）巡视高压设备时，不得进行其他工作，不得移开或越过遮栏；

（2）雷雨天气，需要巡视室外高压设备时，应穿绝缘靴，并不得靠近避雷器和避雷针；

（3）高压设备发生接地时，在室内不得接近故障点 4 m 以内，在室外不得接近故障点 8 m 以内。进入上述范围的人员必须穿绝缘靴，接触设备的外壳和架构时应戴绝缘手套；

（4）巡视配电装置，进出高压室，必须随手将门锁好。

十、电气测量

进行电气测量工作应遵守以下规定：

（1）电气测量必须由两人进行；

（2）除使用特殊仪器外，所有使用携带型仪器进行的测量工作，均应在电流互感器和电压互感器的低压侧进行；

（3）使用携带型仪器和钳形电流表进行测量时，应戴绝缘手套、护目眼镜，站在绝缘垫上，并应有专人监护。不得触及其他设备；

（4）用绝缘电阻表测绝缘时，必须将被测设备从各方面断开，验明无电压，确实证明设备无人工作后方可进行。在测量中禁止他人接近设备；

（5）在带电设备测绝缘电阻时，测量人员和绝缘电阻表安放位置，必须选择适当，保持安全距离，以免绝缘电阻表引线或引线支持物触碰带电部分。移动引线时，必须注意监护，防止工作人员触电。

十一、继电保护

在对继电保护回路进行检修工作时，应注意下列事项：

（1）现场工作开始前，应查对已做的安全措施是否符合要求，运行设备与检修设备是否明确分开，还应看清设备名称，严防走错位置；

（2）在全部或部分带电的盘上进行工作时，应将检修设备与运行设备前后以明显的标志隔开；

（3）在保护盘上或附近进行打眼等振动较大的工作时，应采取防止运行中设备掉闸的措施，必要时经值班调度员或值班负责人同意，将保护暂时停用；

（4）在继电保护屏间的通道上搬运或安放试验设备时，要与运行设备保持一定距离，防止误碰运行设备，造成保护误动作；

（5）继电保护人员在现场工作过程中，凡遇到异常情况或断路器跳闸时，不论与本身工作是否有关，应立即停止工作，保持现状，待查明原因，确定与本工作无关时方可继续工作。

十二、带电作业

在不停电设备上的作业叫做带电作业，带电作业包括等电位、中间电位、地电位作业。带电作业有以下安全注意事项：

（1）带电作业应在良好的天气下进行。如遇雷、雨、雪、雾不得进行带电作业，风力大于5级时，一般不宜进行带电作业。

（2）带电作业必须设专人监护。监护人应由有带电作业实践经验的人员担任。监护人不得直接操作。监护的范围不得超过一个作业点。复杂的或登杆塔上的作业应增设监护人。

（3）在带电作业过程中如设备突然停电，作业人员应视设备仍然带电。工作负责人应尽快与调度联系，调度未与工作负责人取得联系前不得强送电。

任务三　火力发电安全技能

一、运煤设备运行与检修

1. 基本要求

检修工作基本要求如下：

（1）各种运煤机在许可开始检修工作前，运行值班人员必须将电源切断并挂上警告牌。检修工作完毕后，检修工作负责人必须确定工作场所已经清理完毕，所有检修人员已离开，方可通知运行班长恢复设备的使用。

（2）检修工作处所如有裸露的电线，应认为是带电的，不准触碰。对可能触到的裸露电线应在检修工作开始前拉开电源和上锁，并将该线挂上地线接地。

2. 储煤场的安全要求

在储煤场工作应注意以下事项：

（1）砸煤时应戴防护眼镜，并要注意站的位置，以防跌倒伤人；

（2）从煤堆里取煤时，应随时注意保持煤堆有一定的边坡，避免形成陡坡，以防坍塌伤人；

（3）工作中如发现有形成陡坡的可能时，应采取措施加以消除，对已经形成的陡坡，在未消除前，禁止从上部或下部走近陡坡；

（4）卸煤工应熟悉各种型号煤车车门的操作方法，在操作中应特别注意防止被车门打伤或被掉下的煤砸伤，不准由不熟悉开闭方法的人开车门；

（5）禁止在一个煤车内同时进行机械卸煤和人工卸煤。

3. 翻车机作业

翻车机作业时应遵守下列规定：

（1）限位器必须动作良好，回转自动限位保护应投入，手动限位器处于备用状态。

（2）值班人员必须检查煤车是否符合翻车机的要求，不准翻卸不符合要求的煤车。

（3）翻车机在运行中，不准无关人员靠近作业区。

（4）当翻车机回转到 90° 后需要清扫车底时，必须先切断电源，并取得值班人员许可，方可进行。

（5）如需在翻车机下部煤算子上清除大块煤、杂物以及检查维护时，应切断电源，挂警告标示牌，并取得值班人员许可，方可进行。

（6）调车人员不准乘车辆进入翻车机室。机车必须在翻车机运行之前退出翻车机工作区域。

4. 运煤皮带

禁止在运行的运煤皮带上做以下工作：

（1）禁止在运行中的皮带上直接用手撒松香或涂油膏。皮带在运行中不准对设备进行维修工作。在运行的皮带上用人工取样或捡出石块等杂物的工作，应采取安全措施，防止人身触及皮带或转动部分。工作人员应站在栏杆外面，袖口要扎好，以防被皮带挂住。

（2）运煤皮带的各下煤孔应有捅煤孔。捅煤时应站在平台上，并注意防止被捅煤工具打伤。

（3）清理磁铁分离器的铁块时，应先停止皮带运行并切断电源。工作人员应戴手套，并使用工具进行清理工作。

（4）运煤皮带和滚筒上，一般应装刮煤器。禁止在运行中人工清理皮带滚筒上的粘煤或对设备进行其他清理工作。

5. 煤斗内工作

进入煤斗内工作时应注意以下事项：

（1）进入原煤斗的入孔应有坚固的盖，平时应拴牢。入孔应有上下用的梯子及缚安全带绳子用的固定装置；如使用临时梯子上下，则应有拴牢梯子的固定装置。

（2）进入原煤斗内进行检修工作前，应与运行班长取得联系，把煤斗内的原煤用完，关闭煤斗出口的挡板，切断给煤机电源并挂警告牌。

（3）不准进入有煤的煤斗内捅堵煤。在特殊情况下，须进入有煤的煤斗内进行其他工作（如取出掉入的工具）时，必须采取安全措施。如发现煤斗内的煤有自燃现象时，应立即采取措施灭火。煤斗内如有燃着或冒烟的煤时，禁止入内。

二、锅炉运行与检修

1. 基本要求

进行锅炉设备检修时，主要的安全注意事项有：

（1）进入锅炉内部进行检修工作，一定要事先做好隔离汽、水、风、烟的安全措施，必须把需检修的锅炉与蒸汽母管、给水母管、排污母管、疏水母管、加药管等的连通管以及烟道、风道、燃油系统、煤气系统全部隔断，保证进行检修工作的人员不受到伤害。

（2）进行转动机械检修时必须要做好防止转机转动的安全措施。

（3）严格执行工作票制度。

锅炉运行主要的安全注意事项有：

（1）班前了解当班运行方式，做好事故预想。

（2）进入现场巡检带好工具。

（3）进行操作时严格执行操作票制度。

2. 吹灰

锅炉吹灰时，应注意以下几项：

（1）锅炉吹灰前，应适当提高燃烧室负压，并保持燃烧稳定。吹灰时工作人员应戴手套。

（2）使用移动式吹灰设备时，工作人员应戴手套和防护眼镜。在吹灰管未插入燃烧室或烟道前，不准打开阀门通入蒸汽和压缩空气。工作完毕后应先关闭阀门，然后再取出吹灰管。

（3）吹灰时，禁止打开检查孔观察燃烧情况。

（4）吹灰器有缺陷、锅炉燃烧不稳定或有炉烟与炉灰从炉内喷出时，禁止吹灰。如在吹灰过程中遇上述情况，也应停止吹灰。

3. 排污

锅炉排污时，应注意以下安全事项：

（1）排污时工作人员必须戴手套。在排污装置有缺陷或排污工作地点和通道上没有照明时，禁止进行排污工作。

（2）开启排污门可以使用专用的扳手，不准将套管套在扳手上帮助开启排污门。锅炉运行中不准修理排污门。

（3）排污系统有人正在检修时，禁止进行排污。在同一排污系统内如有其他锅炉正在检修时，排污前应查明检修的锅炉确已和排污系统隔断。

（4）排污管道易被人碰触部分，应加保温层，以免烫伤工作人员。

4. 除焦

进行锅炉除焦工作时应注意以下安全事项：

（1）除焦工作须由经过训练的工作人员进行，实习人员未经指导与学习，不准单独进行除焦工作。

（2）除焦时工作人员必须穿着防烫伤的工作服、工作鞋，戴防烫伤的手套和必要的安全用具。

（3）当燃烧不稳定或有炉烟向外喷出时，禁止打焦。

（4）除焦时，两旁应无障碍物，以便有炉烟外喷或灰焦冲出时，工作人员可以向两旁躲避。

（5）除焦工作开始前应先得到司炉同意。除焦时司炉应保持燃烧稳定，并适当提高燃烧室负压。在司炉操作处所，应有明显的"正在除焦"的标志。

（6）除焦时，工作人员应站在平台上或地面上，不准站在楼梯、管子、栏杆等地方上，工作地点应有良好照明。

（7）除焦用的工具必须完整适用，用毕须将工具放在指定的地点。

（8）在结焦严重或有大块焦渣掉落的可能时，应停炉除焦。

（9）除焦时不准用身体顶着工具，以防打伤。工作人员应站在除焦口的侧面，斜着使用工具，必要时应有人监护。

5. 制粉系统运行

运行中的制粉系统不应有漏粉现象。制粉设备的厂房内不应有积粉，积粉应随时清除。发现积粉自燃时，应用喷壶或其他器具把水喷成雾状灭火，不得用压力水管直接浇灌着火的煤粉，以防煤粉飞扬引起爆炸。在制粉系统启动前，必须仔细检查设备内外是否有积粉自燃现象，若发现有积粉自燃时，应予以清除，然后方可启动。

6. 锅炉燃烧室的清扫

锅炉燃烧室清扫时的安全要求如下：

（1）进入燃烧室进行清扫工作前，应先通过入孔、手孔、看火孔等处向热灰和焦渣浇水。检修工作负责人及清扫工作负责人应检查耐火砖、大块焦渣有无塌落的危险，遇有可能塌落的砖块和焦渣，应先用长棒从入孔或看火孔等处打落。

（2）在燃烧室内部工作时，应至少有两人一起工作，燃烧室外应有人监护。

（3）清扫燃烧室前，应先将锅炉底部灰坑除清。

（4）清扫燃烧室时，应停止灰坑出灰，待燃烧室清扫完毕，再从灰坑放灰。

（5）在燃烧室上部或排管处有人进行工作时，下部不准有人同时进行清扫工作。

（6）燃烧室清扫工作完毕后，清扫工作负责人必须清点人员和工具，检查是否有人或工具还留在燃烧室内。

7. 进入汽包检修工作

进入汽包检修工作应注意以下安全事项：

（1）打开汽包入孔门时应有人监护；

（2）工作人员应戴着手套小心地把入孔门打开，不可把脸靠近，以免被蒸汽烫伤；

（3）打开不带铰链的入孔门时，应在松螺丝前用绳子把入孔门系牢，以便稳妥地放在汽包内；

（4）汽包内的温度不超过40℃，并有良好的通风时方可允许进入；

（5）在汽包内工作的人员应根据身体情况，轮流工作与休息；

（6）工作人员衣袋中不准有零星物件，以防落入炉管内；

（7）清洗汽包工作前，应检查洗管器的电动机的电线、行灯、接地线、开关等是否良好，电动机电压超过24 V不允许放在汽包内；

（8）用电动洗管器清洗排管时，应指定专人操作。

8. 受热面检查重点

锅炉受热面应检查以下部位：

（1）上次检查有缺陷的部位；

（2）锅炉受压元件的内外表面，特别是开孔、焊缝、扳边等处有无裂纹、裂口和腐蚀；

（3）管壁有无磨损和腐蚀；

（4）锅炉的拉撑以及与被拉元件的结合处有无裂纹、断裂和腐蚀；

（5）胀口是否严密，管端的受胀部分有无环形裂纹；

（6）铆缝是否严密，有无苛性脆化；

（7）受压元件有无凹陷、弯曲、鼓包和过热；

（8）锅筒和砖衬接触处有无腐蚀；

（9）受压元件或锅炉构架有无因砖墙或隔火墙损坏而发生过热；

（10）受压元件水侧有无水垢、水渣，进水管和排污管与锅筒的接口处有无腐蚀、裂纹，排污阀和排污管连接部分是否牢靠。

9. 水压试验

进行锅炉水压试验应注意以下事项：

（1）在锅炉水压试验的升压过程中，应停止锅炉本体内外一切检修工作。工作负责人在升压前须检查炉内各部是否有其他工作人员，并通知他们暂时离开，然后才可开始升压。

（2）省煤器或减温器单独进行水压试验时，如汽包内有人工作，在开始进水前工作负责人必须通知汽包内的工作人员离开。

（3）水压试验进水时，管理空气门及给水门的人员不准擅自离开，以免水满烫伤其他人员。

（4）禁止在带压运行下进行捻缝、焊接、紧螺丝等工作。

（5）水压试验后泄压或放水，应确保放水总管处无人在工作，才可进行；如检修人员进行操作，则须取得运行班长的同意。放水完毕后，须再通知运行班长。

（6）锅炉进行 1.25 倍工作压力的超压试验时，在保持试验压力的时间内不准进行任何检查，应待压力降到工作压力后，才可进行检查。

10. 回转机械检修

回转机械检修安全要求如下：

（1）禁止在运行中清扫、擦拭和润滑机器的旋转和移动部分，不可把手伸入栅栏内。

（2）擦拭运转中机器的固定部分时，不准把抹布缠在手上或手指上使用，只有在转动部分对工作人员没有危险时，方可允许用长嘴壶或油枪往油盅和轴承里加油。

（3）在机器完全停止以前，不准进行修理工作。修理中的机器应做好防止转动的安全措施，检修工作负责人在工作前，必须对上述安全措施进行检查，确认无误后，方可开始工作。

三、汽机设备运行与检修

1. 基本要求

汽机设备检修时的主要安全注意事项有：

（1）必须做好防止汽水烫伤的安全措施，如用阀门与蒸汽母管、供热管道、抽汽系统等隔断，阀门上锁并挂警告牌。确认安全措施完善方可开始工作。

（2）禁止在吊着的重物下停留和通过。

汽机运行主要的安全注意事项有：

（1）班前了解当班运行方式，做好事故预想。

（2）进入现场巡检带好工具。

（3）进行操作时严格执行操作票制度。

2. 容器内的工作

进入容器内工作必须注意以下 8 项：

（1）必须申请，并得到批准；

（2）必须进行安全隔绝；

（3）必须进行置换、通风；

（4）必须按时间要求，进行安全分析；

（5）必须配戴规定的防护用具；

（6）在容器外必须有人监护；

（7）监护人员必须坚守岗位；

（8）必须有抢救设备和措施。

3. 热交换器的检修

进入热交换器检修时必须检查以下事项：

（1）只有经过分场领导批准和得到运行班长的许可后，才能进行热交换器的检修工作；

（2）在检修前为了避免蒸汽或热水进入热交换器内，应将热交换器所连接的管道、设备、疏水管和旁路管等可靠地切断，所有被隔断的阀门应上锁，并挂上警告牌。检修工作负责人应检查上述措施符合要求后，方可开始工作。

（3）检修前必须把热交换器内的蒸汽和水放掉，疏水门应打开。在松开法兰螺丝时应当特别小心，避免正对法兰站立，以防有水汽冲出伤人。

4. 井下及沟内工作

井下及沟内工作的安全要求如下：

（1）在地下维护室内对设备进行操作、巡视、维护或检修工作，不得少于二人；

（2）开闭地下维护室的入孔盖，必须使用适当的工具，不准用手直接开闭；

（3）打开地下维护室的入孔进行工作时，必须在打开的入孔周围设置遮栏，夜间还应在遮栏上悬挂红灯。在入孔盖下面应装有上下用的脚蹬（间距 30~40 cm）或固定铁梯；

（4）进入有水的地下维护室及沟道内进行操作或检修，工作人员应穿橡胶靴；

（5）在地下维护室和沟道内工作，禁止使用煤油灯照明，可用 12~36 V 的行灯。在有有害气体的地下维护室及沟道内工作，应使用携带式的防爆电灯或矿工用的蓄电池灯；

（6）地下维护室及沟道内须保持清洁，出入口不准堆积任何物品。

（7）在地下维护室和沟道内使用汽油机或柴油机时，应把汽油机或柴油机的排气管接到外面，并有良好通风，否则不准使用。

四、电气运行与检修

1. 基本要求

在进行电气检修工作前必须做好保证安全的技术措施，即：停电、验电、装设接地线、悬挂标示牌和装设遮栏，确保检修的设备与带电设备隔离后方可工作，并严格执行工作票制度、工作许可制度、工作监护制度、工作间断、转移和终结制度。电气运行人员进行倒闸操作时要严格执行操作票制度，认真执行三秒思考复诵制度，防止带负荷拉、合隔离开关；防止误分、合断路器；防止带电装设接地线或合接地开关；防止带电接地线或接地开关，合隔离开关或断路器；防止误入带电间。

2. 电气作业注意事项

电气作业注意事项如下：

（1）使用电气工具前应进行检查，如有损坏应立即更换；

（2）尽量选用双重绝缘的工具，若工具没有双重绝缘，则须有接地装置；

（3）衣服潮湿或皮肤未干，均应避免使用电器及接触开关；

（4）工地潮湿，站立处应垫以干木板或绝缘胶垫，否则不可使用电气设备；

（5）露天场所须使用防水类型电气设备及装置；

（6）不可擅自修理、改装或安装电气设备；

（7）不可使用已损坏的电气设备及电器配件；

（8）不可使用不合规格的电器配件；

（9）切勿用电线代替插头；

（10）电气设备须有独立的开关；

（11）避免将太多插头用于同一插座，以免发生负荷过重；

（12）在插入或拔出插头时应小心，别让手指触及插头的金属插脚；

（13）拔出插头时，应该紧握插头，而不是拉扯插头的软线；

（14）必须严格遵守安全操作规程，并在必要时，使用适当的个人防护用具。

3. 手持电动工具使用安全要求

手持电动工具使用安全要求如下：

（1）使用手持电动工具前，要先检查工具，特别是防护装置、插头、插座、绝缘电阻、电线连接是否可靠，特别对于长期搁置不用的工具，使用前必须彻底检查，确认安全后再使用；

（2）接电源时，要按手持电动工具上的铭牌所标示的电压、相数连接；

（3）工具在接通电源时，首先要验电，在确定工具外壳不带电的情况下，方可使用；

（4）移动手持电动工具时，要断电，要轻拿轻放。严禁拉着电缆搬动工具，以防割破和轧坏电缆线或软线；

（5）使用中发现异常现象和故障时，应立即切断电源，确认脱离电源后，才能进行详细检查；

（6）操作手持电动工具时，应按要求佩戴护目镜、防护衣、手套等防护用品。

五、热力机械操作票与工作票

值班人员根据操作任务，按照设备系统的技术要求，将操作项目按顺序要求填写在操作票内，作为热力机械操作中保证设备与人身安全的书面依据，即为热力机械操作票。

热力机械工作票是在热力机械设备、系统检修作业时，落实安全技术措施、组织措施和有关人员安全责任，进行检修作业的书面依据，是保证作业安全的重要措施。

因此，操作票和工作票在发电生产过程中，是一项保证人身和设备安全的关键点。在工作中必须认真、不折不扣地执行。

六、化学运行与检修安全

进行化学工作主要有以下安全注意事项：

（1）进行取样工作时，要做好防止汽、水烫伤的安全措施，如开大冷却水，进行煤取样时要站在栏杆外面等。

（2）进行化验工作时要穿工作服，防止强酸强碱腐蚀皮肤，例如，禁止用口含住管吸取酸碱性、毒性及有挥发性或刺激性的液体；使用这些药品要戴口罩、防护眼镜、橡胶手套等。进行化学设备检修时要做好检修与运行的隔离措施，保证安全检修。

七、单元机组的安全监控

火电厂大容量单元机组安全监控的目的是保证机组安全运行，防止发生设备和人身事故，减少和降低事故损失，延长设备的寿命，缩短检修时间和延长检修间隔。大容量单元机组有以下几个特点：

（1）投资大、事故造成的损失大；

（2）设备和系统结构复杂，要求监控项目多；

（3）设备和部件采用强度较高的钢材壁厚，体积大；

（4）要求自动程度高，运行人员少；

（5）单位容量的重量较小，飞轮效应和惯性力的作用比小容量机组小，各种介质的流量大。

由于上述特点，要求单元机组安全监控项目多、发生事故时反应要快，因此必须有一套周密可靠的安全监控系统。目前，大容量单元机组的安全监控系统多采用计算机监控系统，其主要优点是：进行巡回检测和工况监视时，可以及时发现运行参数变化及设备不正常情况，并对设备不正常情况综合分析，找出原因，以便及时采取措施，避免事故扩大。采用计算机对机组自动启停时，可以保证机组按既定程序安全自动启停。

八、热工自动安全监控

热工自动控制系统主要作用有：一是对大容量发电机组的运行状况进行实时在线监视，给运行操作人员提供实时可靠的设备运行参数，并对主辅机设备的故障或事故状态进行实时记录、事故追忆等，给运行操作人员提供准确的操作依据和事故分析参数；二是给运行操作人员提供一个安全灵敏的执行机构，保证运行人员安全、准确操作；三是给机组提供一个可靠的保护系统，保证机组安全运行和人身安全，当机组出现异常或故障时，能安全停机而保护主设备及辅助设备。因此，热工自动控制系统的安全对电厂机组的安全运行起着至关重要的作用。

项目三

电力安全工器具检查、使用与保管

■ 项目描述

2004年4月6日下午3时许，某厂671变电站运行值班员接班后，312油开关大修负责人提出申请要结束检修工作，而值班长临时提出要试合一下312油开关上方的3121隔离刀闸，检查该刀闸贴合情况。于是，值班长在没有拆开312油开关与3121隔离刀闸之间的接地保护线的情况下，擅自摘下了3121隔离刀闸操作把柄上的"已接地"警告牌和挂锁，进行合闸操作。突然"轰"的一声巨响，强烈的弧光迎面扑向蹲在312油开关前的大修负责人和实习值班员，2人被弧光严重灼伤。

■ 知识准备

安全帽、安全带、脚扣、升降板属于一般防护安全用具，本身没有绝缘性能，但可以起到防止工作人员发生事故的作用。这种安全用具主要用于防止高空坠落，另外，携带式接地线、防护眼镜、标示牌、临时遮栏也属于这类设备，主要用于防止检修设备时误送电，防止工作人员走错间隔、误登带电设备，保证人与带电体之间的安全距离，防止电弧灼伤。

■ 项目目标

（1）能熟练检查绝缘棒、高压验电器、绝缘手套、绝缘靴使用合格性，对不合格的安全工器具，能记录其缺陷。

（2）能叙述安全用具的保管方法及试验周期。

（3）能熟练检查安全带、安全帽、脚扣（或升降板）使用合格性，对不合格的安全工器具，能记录其缺陷。

（4）能完成脚扣或升降板冲击检查试验。

（5）能熟练使用安全带、安全帽、脚扣（或升降板）完成登杆作业。

■ 知识链接

任务一　电力安全工器具基本知识

"电力安全工器具"是指为防止触电、灼伤、坠落、摔跌等事故，保障工作人员人身安全的各种专用工具和器具。安全工器具分类见表3-1。

表 3 - 1　安全工器具分类

类型	名称
基本绝缘安全工器具	验电器、绝缘杆、绝缘隔板、绝缘罩、携带型短路接地线、个人保安接地线、核相器等
辅助绝缘安全工器具	绝缘手套、绝缘靴（鞋）、绝缘垫（台）
防护性安全工器具	安全帽、安全带、梯子、安全绳、脚扣、防静电服（静电感应防护服）、防电弧服、导电鞋（防静电鞋）、安全自锁器、速差自控器、防护眼镜、过滤式防毒面具、正压式消防空气呼吸器、SF6 气体检漏仪、氧量测试仪、耐酸手套、耐酸服及耐酸靴等
警示标志	安全围栏、安全标示牌、安全色

安全工器具分为绝缘安全工器具、一般防护安全工器具、安全围栏（网）和标示牌三大类。绝缘安全工器具又可分为基本绝缘安全工器具、辅助绝缘安全工器具。

1. 基本绝缘安全工器具

基本绝缘安全工器具是指能直接操作带电设备、接触或可能接触带电体的工器具。

2. 辅助绝缘安全工器具

辅助绝缘安全工器具是指绝缘强度不能承受设备或线路的额定工作电压，只是用于加强基本绝缘安全工器具的保安作用，用以防止接触电压、跨步电压、泄漏电流电弧对操作人员的伤害的工器具。不能用辅助绝缘安全工器具直接接触高压设备带电部分。

3. 防护性安全工器具

防护性安全工器具（一般防护用具）是指防护工作人员发生事故的工器具，如安全帽、安全带、梯子、安全绳、脚扣、防静电服（静电感应防护服）、防电弧服、导电鞋（防静电鞋）、安全自锁器、速差自控器、防护眼镜、过滤式防毒面具、正压式消防空气呼吸器、气体检漏仪、氧量测试仪、耐酸手套、耐酸服及耐酸靴等。

一、低压验电器

最常见的低压验电器是低压验电笔。

（一）低压验电笔工作原理

1. 普通低压验电笔

普通低压验电笔是检修人员或电工随身携带的常用辅助安全工具，主要用来检查 220 V及以下低压带电导体或电气设备及外壳是否带电，其特点是直观方便。

普通低压验电笔有多种样式，但基本结构和工作原理都一样。其基本结构如图 3 - 1所示。

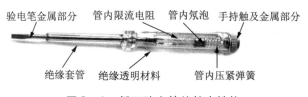

图 3 - 1　低压验电笔的基本结构

普通低压验电笔前端为金属探头后端也有金属挂钩或金属接触片等,以便使用时用于接触待测设施。中间绝缘管内装有发光氖泡、电阻及压紧弹簧,外壳为透明绝缘体。

普通低压验电笔的工作原理:当测试带电体时,金属探头触及带电导体,并用手触及验电笔后端的金属挂钩或金属片,此时电流路径是通过验电笔端、氖泡、电阻、人体和大地形成回路而使氖泡发光。

只要带电体与大地之间存在一定的电位差(通常在 60 V 以上),验电笔就会发出辉光。如果氖泡不亮,则表明该物体不带电;若是交流电,氖泡两极发光;若是直流电,则只有一极发光。

2. 数字式验电笔

数字式验电笔如图 3-2 所示,它由笔尖(工作触头)、笔身、指示灯、电压显示、电压感应通电检测按钮、电压直接检测按钮、电池等组成,适用于检测 12~220 V 交直流电压和各种电器。

图 3-2　数字式验电笔

数字式验电笔除了具有氖管式验电笔通用的功能,还有以下特点:

(1)当右手指按断点检测按钮,并将左手触及笔尖时,若指示灯亮,则表示正常工作;若指示灯不亮,则应更换电池。

(2)测试交流电时,切勿按电子感应按钮。将笔尖插入相线孔时指示灯亮,则表示有交流电;需要电压显示时,则按检测按钮最后显示数字为所测电压值;未到高段显示值75%时,显示低段值。

(二)检查使用与注意事项

(1)测试前应在带电体上进行校核,确认验电笔良好,以防做出错误判断。

(2)严禁戴线手套持验电笔在低压线路或设备上验电。

(3)验电时,持验电笔的手一定要触及金属片部分;验电时,若手指不接触验电笔端金属部分,则可能出现氖泡不能点亮的情况;如果验电时戴手套,即使电路有电,验电笔也不能正常显示。

(4)避免在光线明亮处观察氖泡是否起辉,以免因看不清而误判。

(5)在有些情况下,特别是测试仪表,往往因感应而带电,某些金属外壳也会有感应电。在这种情况下,用验电笔测试有电,不能作为存在触电危险的依据。因此,还必须采用其他方法(例如用万用表测量)确认其是否真正带电。

(6)严禁不使用验电笔验电,而用手背触碰导体验电的错误方法。

(7)验电前必须检查电源开关或隔离开关(刀闸)确已断开,并有明显可见的断开点。

(8)严禁用低压验电笔去验已停电的高压线路或设备。

二、高压验电器

高压验电器是用于额定频率为 50 Hz，电压等级为 10 kV，35 kV，110 kV，220 kV 的交流电压作直接接触式验电的专用工器具，它是发电、输电、配电、变电系统、工矿企业的电气操作检修人员用于验证运行中线路和设备有无电压的理想安全工器具。按照型号可分为声光型、语言型、防雨型、风车式等。

（一）高压验电器工作原理

高压验电器具有声、光和机械旋转信号报警指示功能。

1. 声光报警高压验电器

声光报警高压验电器结构如图 3-3 所示。

图 3-3 声光报警高压验电器结构

声光报警高压验电器可伸缩收藏，操作杆器身部分由环氧树脂玻璃钢管制造，产品结构一体，使用存放方便。

声光报警高压验电器工作原理如图 3-4 所示。

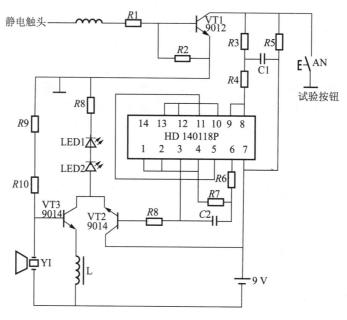

图 3-4 声光报警高压验电器工作原理

声光报警高压验电器的报警电路采用双排直插 14 脚四二输入与非门电路，触头与三极管 VT1 组成感应检测源，当触头从远处渐渐靠近高压电源时，VT1 导通使四二输入与非门电路的 8、9 脚与非门输入端变为低电平，10 脚输出高电平，12、13 脚与非门输入端变为高电平，11 脚输出低电平。电路中 $R6$、$R7$、$R8$ 和电容 $C2$ 与另外两个与非门组成的可控振荡器被触发起振，在 3 脚输出矩形波，控制 VT2、VT3 断续导通，驱动压电陶瓷片和发光二极管 LED1、LED2 断续导通发光报警。

2. 旋转感应式高压验电器

感应式高压验电器构造如图 3-5 所示，上部是一金属球（或者用金属板），它和金属杆相连接，金属杆穿过橡皮塞，其下端挂两片极薄的金属箔，封装在玻璃瓶内。检验时，把物体与金属球接触，如果物体带电，就有一部分电荷传到两片金属箔上，金属箔由于带了同种电荷，彼此排斥而张开，所带的电荷越多，张开的角度越大；如果物体不带电，则金属箔不动。

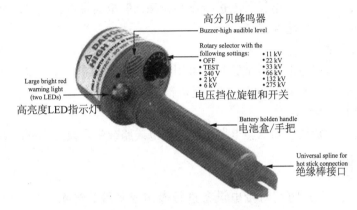

图 3-5　感应式高压验电器

（二）检查使用及操作注意事项

1. 使用前检查

（1）使用前应进行外观检查，验电器的工作电压应与被测设备的电压相同，验电前应选用电压等级合适的高压验电器。用毛巾轻擦高压验电器去除污垢和灰尘，检查表面无划伤、无破损和裂纹，绝缘漆无脱落，保护环完好。

（2）验电操作前应先进行自检试验。用手指按下试验按钮，检查高压验电器灯光、音响报警信号是否正常，声音是否正常。若自检试验无声光指示灯和音响报警时，不得进行验电。当自检试验不能发声和光信号报警时，应检查电池是否完好，同时，更换电池时应注意正负极不能装反。

（3）检查高压验电器电气试验合格证是否在有效试验合格期内。注意：千万不要将厂家出厂合格证误认为是电气试验合格证，严禁将厂家出厂合格证作为验电器合格可以使用的依据。

（4）非雨雪型验电器不得在雷、雨、雪等恶劣天气时使用。在遇雷电、雨天（听见雷声或看见闪电），应禁止验电。

（5）使用抽拉式验电器时，绝缘杆应完全拉开，验电时必须有两人一起进行，一人验电一人监护。操作人应戴绝缘手套，穿绝缘靴（鞋），手握在护环下侧握柄部分。人体与带电部分应保持足够的安全距离，具体值见表 3-2。

表3-2 设备不停电时人体与带电部分应保持的安全距离

电压等级/kV	安全距离/m	电压等级/kV	安全距离/m
10 及以下（13.8）	0.70	750	7.20
20、35	1.00	1000	8.70
63（66）、110	1.50	±50 及以下	1.50
220	3.00	±500	6.00
330	4.00	±660	8.40
500	5.00	±800	9.30

（6）验电前，应先在有电设备上进行试验，确认验电器良好，也可用高压验电发生器检验验电器音响报警信号是否完好。

2. 操作注意事项

（1）无法在有电设备上进行试验时，可用高压发生器等确证验电器良好。如在木杆、木梯或木架上验电，不接地不能指示者，经运行值班负责人或工作负责人同意后可在验电器绝缘杆尾部接上接地线。

（2）验电时要特别注意高压验电器器身与带电线路或带电设备间的距离。

三、绝缘操作杆

绝缘操作杆是用于短时间对带电设备进行操作或测量的绝缘工具，如图3-6所示，如接通或断开高压隔离开关、柱上断路器、跌落式熔断器等。

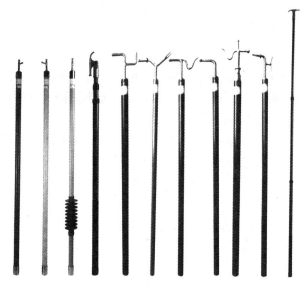

图3-6 绝缘操作杆

绝缘操作杆由合成材料制成，一般分为工作部分、绝缘部分和手握部分。

（一）结构

绝缘操作杆又称拉闸杆或令克棒，其材料采用绝缘性能及机械强度好、质量轻，并经防潮处理的优质环氧树脂管。绝缘操作杆扩展连接方便，选择性强，连接形式多样，可以灵活组合。按长度与节数可分为：三节 3 m，三节 4 m，四节 4 m，三节 4.5 m，四节 4.5 m，四节 5 m，五节 5 m，四节 6 m，五节 6 m。分节处采用螺旋接口，最长可做到 10 m，可分节装袋，携带方便。伸缩绝缘操作杆还可根据使用空间伸缩定位到任意长度，有效地克服了接口式拉闸杆因长度固定而使用不便的缺点。

操作杆端部金属接头采用内嵌式结构，连接牢固，安全可靠。

（二）绝缘操作杆的组成

绝缘操作杆由三部分组成，如图 3-7 所示。

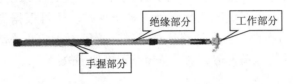

图 3-7　绝缘操作杆的组成

（1）工作部分：大多由金属材料制成，样式因功能不同而不同，但均安装在绝缘部分的上面。

（2）绝缘部分：起到绝缘隔离作用，一般由电木、胶木塑料带、环氧玻璃布管等绝缘材料制成。

（3）手握部分：用与绝缘部分相同的材料制成。

（三）对绝缘操作杆的要求

为保证操作时有足够的绝缘安全距离，绝缘操作杆的绝缘部分长度不得小于 0.7 m，材料要求耐压强度高、耐腐蚀、耐潮湿、机械强度大、质量轻、便于携带，节与节之间的连接牢固可靠，不得在操作中脱落。

（四）检查使用注意事项

（1）使用绝缘操作杆前应选择与电气设备电压等级相匹配的操作杆，应检查绝缘杆的堵头，如发现破损应禁止使用。

（2）用毛巾擦净灰尘和污垢，检查绝缘操作杆外表，绝缘部分不能有裂纹、划痕、绝缘漆脱落等外部损伤，绝缘操作杆连接部分完好可靠，绝缘杆上制造厂家、生产日期、适用额定电压等标记是否准确完整。

（3）检查绝缘操作杆试验合格证是否在有效试验合格期内，超过试验周期严禁使用。

（4）在连接绝缘操作杆的节与节的丝扣时，要离开地面，以防杂草、土进入丝扣中或粘在杆体的表面上，拧紧丝扣。

（5）操作时必须戴绝缘手套。雨雪天气在户外操作电气设备时，操作杆的绝缘部分应有防雨罩。罩的防雨部分应与绝缘部分紧密结合，无渗漏现象，使用时要尽量减少对杆体的弯曲力以防损坏杆体。使用绝缘杆时人体应与带电设备保持足够的安全距离，并注意防止绝缘杆被设备接地部分或进行倒闸操作时意外短接，以保持有效的绝缘长度。

（6）使用后要及时将杆体表面的污迹擦拭干净，并把各节分解后装入一个专用的工具袋内。

四、绝缘隔板、绝缘罩

绝缘隔板是由绝缘材料制成，用于隔离带电部件、限制工作人员活动范围的绝缘平板。绝缘罩也是由绝缘材料制成，用于遮蔽带电导体或非带电导体的保护罩。

绝缘罩一般采用 PE、PVC 等高分子树脂材料制成，是代替环氧隔板的理想的安全隔离工具。绝缘罩采用 PE 高分子树脂材料一次热高压成型，绝缘性能优良，且有较高的机械冲击强度。

绝缘罩还可用于电力设备的配电变压器、柱上断路器、真空断路器、六氟化硫等设备及各类穿墙套管、母线、户外母线桥、户内母线桥和各种支柱绝缘子、绝缘、保护以及各种接头、线夹、互感器、主变低压侧套管绝缘端子保护。还可根据需要做成各类户外开关、TA、气体继电器防雨帽、各类线路绝缘子防鸟罩等用于防止小动物事故的绝缘保护罩，能有效杜绝因小动物、鸟害造成的设备短路和接地事故。

（一）使用要求

为防止隔离开关闭锁失灵或隔离开关拉杆锁销自动脱落误合刀闸造成事故，常以绝缘隔板或绝缘罩将高压隔离开关静触头与动触头隔离。

绝缘隔板只允许在 35 kV 及以下电压等级的电气设备上使用，并应有足够的绝缘和机械强度。

用于 10 kV 电压等级时，绝缘隔板的厚度不应小于 3 mm，用于 35 kV 电压等级时不应小于 4 mm。

然而，绝缘板在使用时容易受潮，安装容易滑落。现场工作时，未发现已受潮的绝缘隔板极易造成严重的设备事故。如有一变电站检修预试时，工作人员在将绝缘隔板放在高压隔离开关动、静触头之间时（绝缘隔板已受潮），此时，瞬间弧光四起，引起高压隔离开关三相弧光短路，设备严重损坏。

（二）检查使用及注意事项

使用绝缘隔板和绝缘罩前应确保其表面洁净、端面不得有分层或开裂，还应检查绝缘罩内外是否整洁，应无裂纹或损伤。现场带电安放绝缘挡板及绝缘罩时，应戴绝缘手套，用绝缘杆操作。绝缘隔板在放置和使用中要防止脱落，必要时可用绝缘绳索将其固定。有倒送电可能的，应考虑在出线侧隔离开关装用绝缘罩。

五、携带型接地线

（一）接地线的作用

携带型接地线如图 3-8 所示，它是用于防止电气设备、电力线路突然来电，消除感应电压，放尽剩余电荷的临时接地装置。

装设接地线是防止工作地点突然来电的唯一可靠安全措施，同时也是消除停电设备残存电荷或感应电荷的有效措施。

对于可能送电至停电设备的各方面都应装设接地线或合上接地刀闸（装置），所装接地线与带电部分应考虑接地线摆动时仍符合安全距离的规定。因此，要正确使用接地线，必须规范装挂和拆除接地线的行为，自觉遵守《电力安全生产规程》，严格执行标准化作业，才能避免由于接地线装设错误而引起的人身伤害事故。

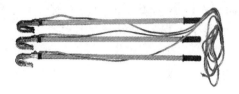

图 3 -8　携带型接地线

装挂接地线是一项重要的电气安全技术措施，保证工作人员生命安全的最后屏障，千万不可马虎大意。实际工作中，接地线使用频繁且操作简单，往往容易使人产生麻痹思想，忽视正确使用接地线的重要性，以致降低甚至失去接地线的安全保护作用，必须引起足够重视。

（二）使用要求

成套接地线应用由透明护套的多股软铜线组成，其截面不得小于 25 mm²，同时应满足装设地点短路电流的要求，严禁使用其他金属线代替接地线或短路线。接地线透明外护层厚度要大于 1 mm。

接地线的两端线夹应保证接地线与导体和接地装置接触良好、拆装方便，有足够的机械强度，并在大短路电流通过时不致松动。

接地线使用前，应进行外观检查，如发现绞线松股、断股、护套严重破损、夹具断裂松动等不得使用。

接地线应使用专用的线夹固定在导体上，禁止用缠绕的方法进行接地或短路。

（三）检查使用及注意事项

1. 检查接地线

（1）使用前，必须检查软铜线无断股断头，外护套完好，各部分连接处螺栓紧固无松动，线钩的弹力正常，不符合要求应及时调换或修好后再使用。

（2）检查接地线绝缘杆外表无脏污，无划伤，绝缘漆无脱落。

（3）检查接地线试验合格证是否在有效试验合格期内。

2. 装、拆接地线注意事项

（1）装挂接地线前必须先验电，严禁习惯性违章行为。

（2）装设接地线时，应戴绝缘手套，穿绝缘靴或站在绝缘垫上，人体不得碰触接地线或未接地的导线，以防止触电伤害。

（3）装设接地线，应先装设接地线接地端，后接导线端。接地点应保证接触良好，其他连接点连接可靠，严禁用缠绕的方法进行连接。

（4）拆接地线的顺序与装设时相反。

（5）装、拆接地线应做好记录，交接班时应交代清楚。

（四）个人保安线

工作地段如有邻近、平行、交叉跨越及同杆塔架设线路，为防止停电检修线路上感应电压伤人，在需要接触或接近导线工作时，应使用个人保安线，如图3-9所示。

个人保安线（俗称"小地线"）用于防止感应电压危害的个人用接地装置。个人保安线应使用有透明护套的多股软铜线制作，截面面积不得小于16 mm² 且应带有绝缘手柄或绝缘部件。禁止用个人保安线代替接地线。个人保安线检查方法同接地线。

个人保安线仅作为预防感应电使用，不得以此代替《电力安全生产规程》规定的工作接地线。只有在工作接地线挂好后，方可在工作导线上挂个人保安线。个人保安线应在杆塔上接触或接近导线的作业开始前挂接，作业结束脱离导线后拆除。装设时应先接接地端，后接导线端，且接触良好，连接可靠。拆个人保安线的顺序与此相反。

图3-9 个人保安线

个人保安线由工作人员自行携带，凡在110 kV 及以上同杆塔并架或相邻的平行有感应电的线路上停电工作，应在工作相上使用个人保安线，并不准采用搭连虚接的方法接地。在杆塔或横担接地通道良好的条件下，个人保安线接地端允许接在杆塔或横担上。

工作结束时工作人员应拆除所挂的个人保安接地线。

六、核相器

核相器是用于鉴定待连接设备、电气回路是否相位相同的装置，如图3-10所示。

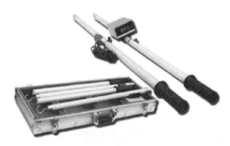

图3-10 核相器

（一）作用

不同的电网要并网运行时，除并网电压相同、周波一致外，还要求相位必须相同。核相器是一种既方便又简单的确定两个电网（发电机组）相位是否相同的工具。

核相器可以分别在 6 kV，10 kV，35 kV，110 kV，220 kV，330 kV，500 kV 系统进行核试验，核相器绝缘管采用高性能绝缘材料，相位校验仪表采用塑料外壳配合活动支架，可方便地将相位校验仪在绝缘管上灵活地改变观看角度，使用安装简便易行。

目前的核相器可分为两大类：一是无线核相器；二是有线核相器。

（二）原理简介

两个不同相位的高电压电源信号，通过绝缘杆中的衰减电阻转换成弱电压信号进入核相仪表，仪表内数字集成电路将电压信号转换成为数字信号并显示，再由仪表内识别电路自动识别出被测信号是否相同，驱动语音电路发出相应语言，并发出灯光。

无线核相仪应用于电力线路、变电所的相位校验和相序校验，具有核相、测相序、验电等功能。具备很强的抗干扰性，符合（EMC）标准要求，适应各种电磁场干扰场合。被测高电压相位信号由采集器取出，经过处理后直接发射出去。由接收器接收并进行相位比较，对核相后的结果定性。因核相器是无线传输，真正达到安全可靠、快速准确，适应各种核相场合。

有线高压语音数字核相器通过绝缘杆中的衰减电阻转换成弱电压信号进入核相仪表，仪表内数字集成电路将电压信号转换成为数字信号并显示，再由仪表内识别电路自动识别出被测信号是否同相，驱动语音电路发出相应语音，并发出灯光。它具有质量轻、体积小、操作简便的特点。试验接线示意如图 3-11 所示。

在没有高压核相器时，也可采用电压互感器降压后，在二次测量电压值来确定相序是否正确。图 3-12 为采用电压互感器在二次测量电压进行核相的示意图。

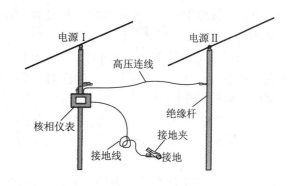

图 3-11 有线核相器

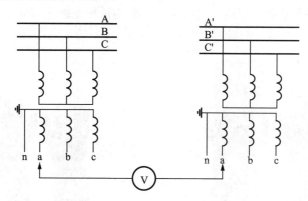

图 3-12 采用电压互感器在二次测量电压进行核相

为了确定电源Ⅰ和电源Ⅱ并列相序是否正确，测量时应注意：

（1）电压表精度不小于 0.5 级。

（2）测量时不能只测量 a-a′，b-b′，c-c′的电压来确定是否同相序，应按表 3-3 测量端子进行测量后，根据表计指示数据分析判断，确定是否为同相序。

表 3-3 测量端子及表计指示

测量端子	电压指示	测量端子	电压指示	测量端子	电压指示	备注
a-a′	0 V	b-a′	100 V	b-a′	100 V	a、b、c 分别为电源Ⅰ相序，a′、b′、c′分别为电源Ⅱ相序
a-b′	100 V	b-b′	0 V	b-b′	0 V	
a-c′	100 V	b-c′	100 V	b-c′	100 V	

根据以上测量数据，如果同标号间电压指示为零，则可确定同相序标号为同相序。

（三）操作使用注意事项

（1）使用高压核相器前，根据被测线路及电力设备的额定电压选用合适电压等级的线路核相验电仪。绝缘部分的检查与绝缘杆相同。

在正式核相前，应在同一电网系统对核相器进行检测，看设备状态是否良好。检测方法是：一人将甲棒与导电体其中一相接触，另一人将乙棒在同一电网导电体逐相接触确认核相器完好后，然后才可以正式测量核相。

（2）核相操作应由三人进行，两人操作一人监护。操作时必须逐相操作，逐一记录，根据仪表指示确定是否同相位。操作时，严格按照核相器试验操作规程的要求或厂家使用说明书进行操作核相。

（3）将两杆分别接于相对应的两侧线路。当高压核相器的仪表指示接近或为零时，则两相为同相；若高压核相器的仪表指示较大时，则要多反复几次，确保准确无误后方能并列。

（4）采用电压互感器测量二次电压核相时，必须监护到位，严禁电压互感器二次回路短路。

七、绝缘手套

绝缘手套是由特种橡胶制成的。绝缘手套，分为低压绝缘手套和高压绝缘手套，分别如图 3 – 13、图 3 – 14 所示。绝缘手套主要用于电气设备的带电作业和倒闸操作。

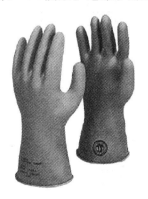

图 3 – 13　低压绝缘手套　　　　图 3 – 14　高压绝缘于套

（一）技术要求

根据国电发［2002］777 号文件精神要求，绝缘手套应具有以下技术规范：

（1）绝缘手套必须具有良好的电气绝缘特性，能满足《电力安全工器具预防性试验规程》规定的耐压水平。其试验电压波形、试验条件和试验程序应符合 GB/T 16927.1—1997《高电压试验技术第一部分：一般试验要求》的规定。

（2）绝缘手套受平均拉伸强度应不低于 14 MPa，平均扯断伸长率应不低于 600%，拉伸永久变形不应超过 15%，抗机械刺穿力应不小于 18 N/mm，并具有耐老化、耐燃性能、耐低温性能，绝缘试验合格。

（二）绝缘手套检查

（1）绝缘手套使用前应进行外观检查，用干毛巾擦净绝缘手套表面污垢和灰尘，确认绝缘手套外表无划伤，用手将绝缘手套指拽紧，确认绝缘橡胶无老化粘连，如发现有发黏、裂纹、破口（漏气）、气泡、发脆等损坏时禁止使用。

（2）佩戴前，对绝缘手套进行气密性检查，具体方法是将手套从口部向上卷，稍用力将空气压至手掌及指头部分，检查上述部位有无漏气，如有则不能使用。如有条件可用专用绝缘手套充气检查设备进行气密性试验。

（三）使用注意事项

使用绝缘手套时应将上衣袖口套入手套筒口内，衣服袖口不得暴露覆盖于绝缘手套之外，使用时要防止尖锐利物刺破损伤绝缘手套。

八、绝缘靴（鞋）

绝缘靴是由特种橡胶制成的，用于人体与地面的绝缘。绝缘靴具有较好的绝缘性和一定的物理强度，安全可靠，主要用作高压电力设备的倒闸操作，设备巡视作业时作为辅助的安全用具，特别是在雷雨天气巡视设备或线路接地的作业中，能有效防止人体受到跨步电压和接触电压的伤害。绝缘靴如图3-15所示。

（一）绝缘靴检查

（1）使用前应检查绝缘靴表面无外伤、无裂纹、无漏洞、无气泡、无毛刺、无划痕等缺陷，如发现有以上缺陷，应立即停止使用并及时更换。

（2）严禁将绝缘靴挪作他用。

（3）检查时注意鞋大底磨损情况，大底花纹磨掉后，则不应使用。

（4）检查绝缘靴有无试验合格证，是否在有效试验合格期内，超过试验期不得使用。

（二）使用注意事项

使用绝缘靴时，应将裤管套入靴筒内，同时，绝缘靴勿与各种油脂、酸、碱等有腐蚀性物质接触且防止锋锐金属的机械损伤，不准将绝缘靴当成一般水靴使用。

九、绝缘垫

绝缘垫是由特种橡胶制成的，用于加强工作人员对地的绝缘，如图3-16所示。绝缘垫主要用于发电厂、变电站、电气高压柜、低压开关柜之间的地面铺设，以保护作业人员免遭设备外壳带电时的触电伤害。

图3-15　绝缘靴

图3-16　绝缘垫

（一）绝缘垫规格

常见的绝缘垫厚度有：5 mm/6 mm/8 mm/10 mm/12 mm；耐压等级分别为：10 kV/25 kV/30 kV/35 kV 等规格。

（二）使用注意事项

使用时地面应平整，无锐利硬物。铺设绝缘垫时，绝缘垫接缝要平整不卷曲，防止操作人员在巡视设备或倒闸操作时跌倒。

绝缘胶垫应保持完好，出现割裂、破损、厚度减薄，不足以保证绝缘性能等情况时，应及时更换。

十、安全帽

安全帽是防止高空坠落、物体打击、碰撞等造成伤害的主要的头部防护用具，也是进入工作现场的一种标示，如图 3 - 17 所示。任何人进入生产现场（办公室、控制室、值班室和检修班组室除外），应正确佩戴安全帽。

（一）安全帽的作用

安全帽由帽壳、帽衬、下颏带和后箍组成。帽壳呈半

图 3 - 17　安全帽

球形，坚固、光滑并有一定弹性，打击物的冲击和穿刺动能主要由帽壳承受，帽壳和帽衬之间留有一定空间，可缓冲、分散瞬时冲击力，从而避免或减轻对头部的直接伤害。

当作业人员头部受到坠落物的冲击时，利用安全帽帽壳和帽衬在瞬间先将冲击力分解到头盖骨的整个面积上，然后利用安全帽各部位缓冲结构的弹性变形、塑性变形和允许的结构破坏将大部分冲击力吸收，使最后作用到人员头部的冲击力降低到 4 900 N 以下，从而起到保护作业人员的头部的作用，安全帽的帽壳材料对安全帽整体抗击性能起重要的作用。

（二）检查及使用注意事项

1. 检查

合格的安全帽必须由具有生产许可证资质的专业厂家生产，安全帽上应有商标、型号、制造厂名称、生产日期和生产许可证编号。

使用安全帽前应进行外观检查，检查安全帽的帽壳、帽箍、顶衬、下颏带、后扣（或帽箍扣）等组件应完好无损，帽壳与顶衬缓冲空间在 25 ~ 50 mm。

2. 安全帽使用期限

安全帽的使用期，从产品制造完成之日起计算：植物枝条编织帽不超过两年；塑料帽、纸胶帽不超过两年半；玻璃钢（维纶钢）橡胶帽不超过三年半。对到期的安全帽，应进行抽查测试，合格后方可使用，以后每年抽检一次，抽检不合格，则该批安全帽报废。

3. 佩戴

使用时，首先应将内衬圆周大小调节到使头部稍有约束感，但不难受的程度，以不系下颏带低头时安全帽不会脱落为宜。佩戴安全帽必须系好下颏带，下颏带应紧贴下颏，松紧以下颏有约束感，但不难受为宜。

安全帽戴好后，应将后扣拧到合适位置（或将帽箍扣调整到合适的位置），锁好下颏带，防止工作中前倾后仰或其他原因造成滑落。

严禁不规范使用安全帽，如戴安全帽不系扣带或者不收紧，有的将扣带放在帽衬内，有的安全帽后箍不按头型调整箍紧，有的把安全帽当做小板凳坐或当工具袋使用，甚至使

用损坏的或不合格的安全帽等违章行为。

十一、安全带（绳）

安全带是预防高处作业人员坠落伤亡的个人防护用品，由腰带、围杆带、金属配件等组成，如图3-18所示。安全绳是安全带上面的保护人体不坠落的系绳，安全带的腰带和保险带、绳应有足够的机械强度，材质应有耐磨性，卡环（钩）应具有保险装置。

（一）使用期限

安全带使用期一般为3~5年，发现异常应提前报废。

（二）使用注意事项

（1）使用安全带前应进行外观检查，检查组件完整、无短缺、无伤残破损。

（2）检查绳索、编带无脆裂、断股或扭结。

（3）检查金属配件无裂纹、焊接无缺陷、无严重锈蚀。

图3-18　安全带（绳）

（4）检查挂钩的钩舌咬口平整不错位，保险装置完整可靠。

（5）检查安全带安全钩环齐全、安全带闭锁装置完好可靠、各铆钉牢固无脱落。

（6）检查铆钉无明显偏位，表面平整。

（7）检查安全带有无试验合格证，是否在有效试验合格期内。

（三）安全带使用

（1）安全带在使用时，保险带、绳使用长度在3 m以上的应加缓冲器。

（2）使用前，应分别将安全带、后备保护绳系于电杆上，用力向后对安全带进行冲击试验，确保腰带和保险带、绳应有足够的机械强度。

（3）工作时，安全带应系在牢固可靠的构件上，禁止系挂在移动或不牢固的物件上。不得系在棱角锋利处，安全带要高挂和平行拴挂，严禁低挂高用。

（4）在杆塔上工作时，应将安全带后备保护绳系在安全牢固的构件上。

十二、梯子

梯子是由木料、竹料、绝缘材料、铝合金等材料制作的进行登高作业的工具。

（一）检查、使用注意事项

1. 检查

（1）检查竹（木）梯有无被虫蛀损坏。

（2）检查脚踏部分竹（木）质有无变质腐朽。

（3）检查梯子各连接处是否牢固，有无松动。

（4）检查梯子有无限高标示。

（5）检查梯子防滑部分是否完好无损坏。

2. 使用

（1）梯子在安放时，其角度不小于60°、不大于70°，梯子应能承受工作人员携带工具攀登时的总重量。

（2）攀登梯子时必须有人撑扶，限高标示1m以上不得站人。不得在距梯顶两挡的梯蹬上工作。同时，在梯子上使用电气工具，应做好防止感电坠落的安全措施。

（3）梯子不得接长或垫高使用。如需接长时，应用铁卡子或绳索切实卡住或绑牢并加设支撑。

（4）梯子应放置稳固，梯脚要有防滑装置。使用前，应先进行试登，确认可靠后方可使用。有人员在梯子上工作时，梯子应有人扶持和监护。

（5）人字梯应具有坚固的铰链和限制开度的拉链。

（6）靠在管子上、导线上使用梯子时，其上端需用挂钩挂住或用绳索绑牢。

（7）在通道上使用梯子时，应设监护人或设置临时围栏。梯子不准放在门前使用，必要时应采取防止门突然开启的措施。

（8）严禁人在梯子上时移动梯子，严禁上下抛递工具、材料。

（9）在变电站高压设备区或高压室内应使用绝缘材料制作的梯子，禁止使用金属梯子。

（二）搬运

在户外变电站、高压配电室内及工作地点周围有带电设备的环境搬动梯子时，应两人放倒搬运，并与带电部分保持足够的安全距离。

十三、升降板及脚扣

（一）升降板

升降板（踩板）是电力线路单人登高作业的主要工器具之一，它具有安全可靠、能承受较重载荷，工作时站立舒适等优点，因此得到广泛应用。

1. 检查注意事项

（1）检查升降板（踩板）脚踏板木质无腐朽、劈裂及其他机械或化学损伤。

（2）检查绳索有无腐朽、断股和松散。

（3）检查绳索同脚踏板固定是否牢固。

（4）检查金属钩有无损伤及变形。

（5）检查升降板（踩板）有无试验合格证，是否在有效试验周期内。

2. 使用注意事项

（1）使用前，必须对升降板（踩板）进行冲击试验。方法是将升降板（踩板）挂于离地高约300mm处，两脚站立于升降板（踩板）上，用自身重量向下冲击，检查升降板（踩板）挂钩、绳索和木踏板的机械强度是否完好可靠。

（2）登杆攀登时，升降板（踩板）两绳应全部放于挂钩内系紧，此时挂钩必须向上，严禁挂钩向下或反挂。

（3）上下攀登时，要用手握住踏板挂钩下100mm左右处绳子进行操作，两脚上板后，左小腿绞紧左边绳来保持身体稳定，登杆过程中禁止跳跃式登杆。

（二）脚扣

脚扣是用钢或合金材料制作的攀登电杆的工具，如图3-19所示。脚扣分为木杆型和水泥杆型两种，是配网检修人员常用的登杆工器具，它具有使用简单、操作方便的特点，在我国大部分地区已普及使用。

图3-19　脚扣

1. **检查注意事项**

（1）确认脚扣金属母材及焊缝无任何裂纹及可目测到的变形，检查各焊接点是否牢固，金属部分变形和绳（带）损伤者禁止使用。

（2）确认脚扣橡胶防滑块（套）完好无破损，各螺栓紧固无松动。

（3）检查防滑胶皮有无破裂老化，确认小爪连接牢固，活动灵活。

（4）检查脚扣系袢有无损伤，确认皮带完好，无霉变、裂缝或严重变形。

（5）检查脚扣有无试验合格证，是否在有效试验合格期内。

2. **使用注意事项**

（1）使用前，必须对脚扣进行单腿冲击试验。登杆前在杆根处用力试登，判断脚扣是否有变形和损伤。方法是将脚扣挂于离地高约300 mm处，单脚站立于脚扣上，用自身重量向下冲击，检查脚扣的机械强度是否完好可靠，防滑胶皮是否可靠。

（2）攀登时，必须全过程系安全带。

（3）登杆前应将脚扣登板的皮带系牢，登杆过程中应根据杆径粗细随时调整脚扣尺寸。在攀登锥形杆时，要根据杆径调整脚扣至合适位置，使用脚扣防滑胶皮可靠地紧贴于电杆表面。

（4）特殊天气使用脚扣和登高板应采取防滑措施。严禁从高处往下扔摔脚扣。

十四、防静电服（鞋）

（一）防静电服作用

防静电服是用于在有静电的场所，降低人体电位、避免服装上带高电位引起其他危害的特种服装，广泛应用于油田、化工、电力、军警、赛车、消防等对服装性能有特殊要求的场合。防静电服适用无尘、静电敏感区域和一般净化区域。

防静电服采用不锈钢纤维、亚导电纤维、防静电合成纤维与涤棉混纺或混织布等材料制作，能自动电晕放电或泄漏放电，可消除衣服及人体带电，同时防静电的帽子、袜子、鞋也采用相同材料制成。

（二）防静电服穿用要求和注意事项

（1）相对湿度≤30%，纯棉服的带电量在相对情况下和化纤服一样，在高压带电场所应穿亚导体材料制作的防静电服。

（2）禁止在易燃易爆场所穿脱防静电服。

（3）禁止在防静电服上附加或佩戴任何金属物件。

（4）穿用防静电服时，必须与GB 4385—1995《防静电鞋、导电鞋技术要求》中规定的防静电鞋配套穿用。

十五、防电弧服简介

防电弧服广泛使用在发电、供电及用电等单位有电弧潜在危险的环境中，用以保护工作人员免受电弧伤害。防电弧服一旦接触到电弧火焰或炙热时，内部的高强低延伸防弹纤维会自动迅速膨胀，从而使面料变厚且密度变高，形成对人体更具保护性的屏障，可用在高热、火焰、电弧等危险环境，在高温下具有不熔化、不燃烧及不熔滴的特点，具有防电弧、耐高温、不助燃、热防护性好等特点。

十六、高空防坠器（速差自控器）

高空防坠器（安全自锁器）主要应用于造船、电力、电信、建筑、桥梁、冶金、化工、矿山、消防、航天、制药、航空、粮油等工程高空作业和电力作业技能培训场合。规格长度有 3 m、5 m、10 m、15 m、20 m、30 m。安全带用速差自控器（安全自锁器），是高空作业人员预防高处坠落的一种

图3－20　高空防坠器

新型保安用具，如图 3－20 所示。它具有结构合理、造型美观、使用简单、收藏方便、效果优越等优点，深受大家欢迎。

速差自控器与传统的安全带相比具有下坠距离短、冲击力小、活动范围低、固定条件简单、耐高温、防火等优点。壳体和鼓轮采用铝合金，航空用钢丝绳。

（一）速差自控器的工作原理与结构

速差自控器利用物体下坠的速度进行自控。使用时只需要将锦纶吊绳跨过上方坚固钝边的结构物质上，将安全扣除吊环，将速差自控器悬挂在使用者上方，把安全绳上的挂钩钩入安全带的半圆环内，即可使用。

正常使用时，安全绳将随人体自由伸缩，不需经常更换悬挂位置，在防坠器内机构的作用下，安全绳一直处于半紧张状态，使用者可轻松自如无牵挂地工作。

工作中一旦人体失足坠落，安全绳的拉出速度加快，防坠器内控制系统即自动锁上，安全绳拉出不超过 1.2 m，冲击距离小于 3 000 N，负荷一旦解除又能恢复正常工作，工作完毕安全绳将自动收回器内，非常便于携带。

（二）使用方法及注意事项

（1）防坠器使用前应检查有无合格证，且必须有省级以上安全检验部门的产品合格证。

（2）防坠器只能高挂低用，水平活动应在以垂直线为中心半径 1.5 m 范围内，应悬挂于使用者上方固定牢固的构件上。每次使用前应对器具做外观检查并做试验，以较慢速度正常拉动安全绳时，应发出"嗒嗒"声响。

试验时，拉出绳长 0.8 m，要求模拟人体坠落时下滑距离不超过 1.2 m 为合格。如安全绳收不进去稍做速度调节即可。确认正常后方可使用。

（3）使用时，应防止与尖锐、坚硬物体撞击，严禁安全绳扭结使用，不要放在尘土过多的地方。

（4）如有不正常现象或损坏，不得自行维修拆卸，严禁改装，而是应请厂家调换或修理。

（5）工作完毕后，钢丝绳收回防坠器内时，中途严禁松手，避免因速度过快造成弹簧断裂、钢丝绳打结，直到钢丝绳收回防坠器内后方可松手。

（6）严禁将绳打结使用，防坠器的绳钩必须挂在安全带的连接环上。

（7）在使用过程中要经常性地检查速差自控器的工作性能是否良好，绳钩、吊环、固定点、螺母等有无松动，壳体有无裂纹或损伤变形，钢丝绳有无磨损、变形伸长、断丝等现象，如发现异常应及时处理。

十七、过滤式防毒面具

过滤式防毒面具是用于防护毒剂蒸汽的防毒炭，如图 3 - 21 所示，防毒炭是由活性炭制成的。活性炭里有许多形状不同、大小不一的孔隙，1 g 活性炭所具有孔隙的表面积一般在 $800 \sim 900 \ m^2$。在活性炭的孔隙表面，浸渍了铜、银、铬金属氧化物等化学药剂，它对毒剂蒸汽防护作用有：

（1）毛细管的物理吸附。

（2）炭上化学药剂与毒剂发生反应的化学变化。

（3）空气中的氧和水在炭上化学药剂的催化作用下与毒剂发生反应。

以上这些作用，对现有已知毒剂均能产生可靠的防护作用，而对大家熟悉的一氧化碳（煤气中的主要成分）就不能防护了。

（一）用途和功能

防毒面罩是一种过滤式大视野面屏，双层橡胶边缘

图 3 - 21　过滤式防毒面具

的个人呼吸道防护器材，能有效地保护佩戴人员的面部、眼睛和呼吸道免受毒剂、生物战剂和放射性尘埃的伤害，可供工业、农业、医疗科研、军队、警察和民防等不同领域人员使用。面具密合框为反折边佩戴，舒适，易气密，可满足 95% 以上成年人的佩戴要求；面具五根拉带可以随意调节，可松紧适宜；面具的镜片保护层采用阻水罩结构，可保证面罩在使用过程中性能良好；面具的大眼窗镜片由光学塑料制成，具有开阔的视野；面具还可装设通话器，也可根据所接触的介质防护对象，选择不同种类的滤毒盒。面具滤毒盒在规定条件下，储存期不超过 3 年。

（二）使用和维护

（1）使用前详细阅读产品说明书。

（2）使用面具时，由下巴处向上佩戴，再适当调整头带，戴好面具后用手掌堵住滤毒盒进气口用力吸气，面罩与面部紧贴不产生漏气则表明面具已经佩戴气密，就可以进入危险涉毒区域工作了。

（3）面具使用完后，应擦尽各部位汗水及脏物，尤其是镜片、呼气活门、吸气活门，必要时可以用水冲洗面罩部位，对滤毒盒部分也要擦干净。

十八、安全色

安全色是表达安全信息含义的颜色，通过颜色表示禁止、警告、指令以及提示信息等，用于安全标志牌、防护栏杆、机器上不准乱动的部位、紧急停止按钮、安全帽、吊车升降机、行车道中线等地方。

（1）国家标准 GB 2893—2008《安全色》中，对颜色传递的安全信息做出了相应规定，通过颜色让人们对周围环境、周围物体应引起注意，如氧气气瓶、母线相序、天然气管道等均涂以各种不同颜色来警示大家。

（2）安全色规定为红、蓝、黄、绿四种颜色，其含义及用途见表3-4。

表3-4　安全色含义及用途

颜色	含义	用途
红色	禁止或停止	禁止标志、停止标志、机器或车辆上的紧急停止手柄、或禁止人们触动的部分
		防火
蓝色	指令或必须遵守的规定	指令标志、必须佩戴个人防护用具、道路上指引车辆和行人行使方向的指令
黄色	警告或注意	警告标志、警戒标志、围的警戒线、行车道中线
绿色	提示安全或通行	提示标志、车间内的安全通道、行人和车辆通行标志、消防设备和其他安全防护设备的位置

（3）四种颜色的特点是：

红色：视认性好，注目性高。常用于紧急停止和禁止信号。

黄色：对人的眼睛能产生比红色更高的明亮度，而黄色和黑色组成的条纹是视认性最高的色彩，特别容易引起人的注意，所以常用它作警告色。

蓝色：企业常用蓝色作为指令色，因蓝色在阳光的直射下较为明显。

绿色：给人以舒适、恬静和安全感，所以用它作为提示安全信息的颜色。

同时，红色和白色、黄色和黑色条纹，是我们常见的两种较为醒目的标示。

十九、标示牌

（一）标示牌的作用

标示牌是以安全、禁止、警告、指令、提示、消防、限速等文字和图形符号来告知现场工作人员，在工作中引起注意的一种安全信号警示标志，是保证工作人员安全生产的主要技术措施之一。

国家电网公司《电力安全规程》中明确规定了在电气设备上工作，保证安全的技术措施为：停电、验电、装设接地线、悬挂标示牌和装设遮栏（围栏）。

（二）常用安全标示牌（如表3-5所示）

表3-5 常用安全标示牌

名称	悬挂处	式样		
		尺寸（mm）	颜色	实物图
禁止合闸，有人工作！	一经合闸即可送电到施工设备的断路器（开关）和隔离开关（刀闸）操作把手上	200×160 和80×65	白底，红色圆形加斜杠，黑色禁止标志符号	
禁止合闸，线路有人工作！	线路断路器（开关）和隔离开关（刀闸）操作把手上	200×160 和80×65	白底，红色圆形加斜杠，黑色禁止标志符号	
禁止分闸！	接地刀闸与检修设备之间的断路器（开关）操作把手上	200×160 和80×65	白底，红色圆形加斜杠，黑色禁止标志符号	
在此工作！	工作地点或检修设备上	250×250 和80×80	衬底为绿色，中有直径200 mm或65 mm白圆圈	
止步，高压危险！	施工地点临近带电设备的遮栏上；室外工作地点的围栏上；禁止通行的过道上；高压试验地点；室外构架上；工作地点临近带电设备的横梁上	300×240 和200×160	白底，黑色正三角形及标志符号，衬底为黄色	
从此上下！	供工作人员上下的铁架、爬梯上	250×250	衬底为绿色，中有直径200 mm白圆圈	
从此进入！	室外工作地点围栏的出入口处	250×250	衬底为绿色，中有直径200 mm白圆圈	
禁止攀高，高压危险！	高压配电装置构架的爬梯上，变压器、电抗器等设备的爬梯上	500×400 和200×160	白底，红色圆形斜杠，黑色禁止标志符号	

二十、临时遮栏

在现场检修工作中，会遇到有些设备部分带电、部分停电的工作，使用临时遮栏主要用于防止工作人员误碰带电设备而造成伤害。

二十一、安全围栏

（一）安全围栏的作用

安全围栏是用来防止工作人员误入带电间隔、无意间碰到带电设备造成人身伤亡，以及工作位置与带电设备之间的距离过近造成伤害。

（二）装设要求

在室外带电设备上工作时，应在工作地点四周装设围栏，围栏上要悬挂适当数量的标示，在室内高压设备上工作，应在检修设备两旁、其他运行设备的柜门上、禁止通行的过道上装设围栏，并悬挂"止步，高压危险！"的标示牌，装设必须规范，严禁乱拉乱扯。

任务二　安全用具的维护与管理

一、电力安全工器具的存放保管

电力安全工器具的保管存放规范与否，直接关系到电力安全工器具的绝缘品质和使用效果。因此，必须按照国家标准、行业标准及产品说明书要求，统一分类、编号并定置存放。

（一）存放保管要求

电力安全工器具应统一存放在专用的电力安全工器具箱或专用的放置构架上，存放地点必须具有防潮、防尘、通风、干燥的环境，存放在温度为 $-15\ ℃\sim +35\ ℃$、相对湿度在80%以下的环境中。

电力安全工器具应编号定置存放，登记并建立台账，要做到账、卡、物相符，对号入座，试验报告及检查记录齐全。

电力安全工器具应由专人负责保管，安全员根据规定进行定期检查。

（二）存放注意事项

存放时，要根据不同电力安全工器具的特点分别存放，特别注意不得与其他工具、材料混放。不同电力安全工器具存放应注意的问题如下。

1. 绝缘操作杆

绝缘操作杆应垂直放置于专用构架上或悬挂起来，防止绝缘操作杆弯曲变形影响使用效果，严禁将绝缘操作杆靠墙放置以免受潮而降低绝缘性能。

2. 绝缘靴、绝缘手套

橡胶类绝缘安全工器具应存放在封闭的柜内或支架上，上面不得堆压任何物件，更不得接触酸、碱、油品、化学药品或在太阳下暴晒，并应保持干燥、清洁。

绝缘手套不能折叠存放，水平放置时，手套内应涂以滑石粉，以防粘连。绝缘工具在储存、运输时不得与酸、碱、油类和化学药品接触，并要防止阳光直射。橡胶绝缘用具应放在避光的柜内，并撒上滑石粉。

3. 验电器

验电器应存放在防潮盒或绝缘安全工器具存放柜内，置于通风干燥处，或垂直放置于专用构架上。存放时应将报警音响装置内的电池取出，防止电解液外泄而造成污染或损坏报警装置。

4. 接地线

接地线按编号存放时，不要将导线缠绕在绝缘杆上，应将导线单独盘圈存放或圈于专用构架上。如果将导线缠绕在绝缘杆上，天长日久就会导致导线金属及透明外护套疲劳扭曲变形而影响使用。

5. 安全带（绳）

安全带（绳）应存放于专用的工具柜内或放置于专用的构架上，要防止腰带、保护绳受潮或被利器损伤。存放处必须保持干燥、洁净，防止高温受热变形和机械损伤，不可接触各种酸碱化学和油类物质以防腐蚀。

6. 绝缘隔板和绝缘罩

绝缘隔板应放置在干燥通风的地方或垂直放在专用的支架上，存放时离地面高度不得小于 200 mm。绝缘罩使用后应擦拭干净，装入包装袋内，放置于清洁、干燥通风的构架上或专用柜内。绝缘隔板和绝缘罩使用前应擦净灰尘，如果表面有轻度擦伤，应涂绝缘漆进行处理。

7. 升降板（踩板）、脚扣

升降板（踩板）、脚扣应存放在干燥通风和无腐蚀的室内。踩板在存放时要防止木踏板、绳索受潮，避免其他机械和化学损伤，可挂于专用构架或放于专用工具内。

8. 核相器

核相器应存放在干燥通风的专用支架上或者专用包装盒内。仪器内如有电池应取出，防止电池漏液损坏仪器。

9. 防毒面具

防毒面具应存放在干燥、通风，无酸、碱、溶剂等物质的库房内，严禁重压。防毒面具的滤毒罐（盒）的储存期为 5 年（或 3 年），过期产品应经检验合格后方可使用。

10. 空气呼吸器

空气呼吸器在储存时应装入包装箱内，避免长时间暴晒，不能与油、酸、碱或其他有害物质共同储存，严禁重压。

二、电力安全工器具运输

电力安全工器具的使用都是在工作现场，特别是电力线路工作使用的安全工器具，都是从甲地到乙地。但在运输过程中，却容易由于忽略安全工器具的运输安全问题，从而造成电力安全工器具的损伤、损坏。

电力安全工器具的运输应注意事项如下。

（1）严禁将电力安全工器具与其他施工材料混放运输。

（2）容易划伤、损坏、破损的电力安全工器具应放入专用箱盒内运输，如绝缘手套、验电器等。

（3）绝缘杆在运输时应分节装入保护袋内，严禁将绝缘操作杆裸杆随意丢在车厢内运输。

（4）登高工器具在运输时，严禁乱堆、乱放、乱甩，防止尖刺物损伤绳索等部件。

（5）梯子运输时必须绑扎牢固，运输途中应注意空中障碍。

三、电力安全工器具的购置与领用

（一）电力安全工器具购置

电力安全工器具的质量直接关系到现场工作人员的生命安全和设备安全，因此，必须符合国家和行业有关安全工器具的法律、行政法规、规章规范、强制性标准及技术规程的要求。

国家电网公司已对安全工器具实行了入围制度，电力工业电力安全工器具质量监督检验测试中心将每年公布一次电力安全工器具生产厂家检验合格的产品名单。

采购电力安全工器具，所选生产厂家必须具有相应资质，出厂产品必须具有以下文件和资料：安全生产许可证；产品合格证；安全鉴定证；产品说明书；产品检测试验报告。

各网省公司、国家电网公司直属公司每年在电力工业电力安全工器具质量监督检验测试中心公布的电力安全工器具生产厂家检验合格的产品名单中，采取招标的方式确定公司系统内可以采购的电力安全工器具入围产品，并予以公布。

对于没有使用经验的新型安全工器具，在小范围试用基础上，组织有关专家评价后，方可参与招标入围。基层单位对入围产品，若发现质量、售后服务等问题，应及时向上级安监部门反映，查实后，将取消该产品入围资格，并向电力工业电力安全工器具质量监督检验测试中心通报。

基层单位必须在上级（网省公司或国网直属公司）公布的入围产品名单中，选择业绩优秀、质量优良、服务优质且在本公司系统内具有一定使用经验、使用情况良好的产品，采取招标的方式购置所需的电力安全工器具。

（二）对生产厂家的要求

采购电力安全工器具必须签订采购合同，并在合同中明确生产厂家的责任：

（1）必须对制造的电力安全工器具的质量和安全技术性能负责。

（2）负责对用户做好其产品使用维护的培训工作。

（3）负责对有质量问题的产品，及时、无偿更换或退货。

（4）根据用户需要，向用户提供电力安全工器具的备品、备件。

（5）因产品质量问题造成的不良后果，由产品生产厂家承担相应的责任，并取消其同类产品的推荐资格。

（三）电力安全工器具领用

规范安全工器具的领用制度，是防止安全工器具遗忘、遗失在工作现场，预防人为事故发生的有力措施。因此，建立电力安全工器具的领用制度非常必要。

每当施工作业或执行某张工作票作业内容前，应根据作业内容领取相应的电力安全工器具。领用时应将电力安全工器具名称、领用的数量、领用时间、使用原因（执行某种作业）、谁领用、施工中损坏的原因、归还时间等记录清楚形成领用电力安全工器具的闭环制度。

施工班组安全工器如发生毁坏或需要增配，应由各使用单位写出书面申请交安监部门，由安监部门依据班组电力安全工器具台账进行核查后进行更换或补配。

四、电力安全工器具的报废

以下情况，电力安全工器具应施行报废：

（1）电力安全工器具经试验或检验不符合国家或行业标准。

（2）超过有效使用期限，不能达到有效防护功能指标。

报废的电力安全工器具应及时清理，不得与合格的电力安全工器具存放在一起，更不得使用报废的电力安全工器具。

报废的电力安全工器具应由试验单位没收存放，统一销毁处理，并统计上报安全监察部门备案。

任务三　登　杆　作　业

一、登杆作业介绍

登杆作业是配电线路电工进行线路检修、杆上设备更换等操作必须掌握的一项基本技能，由于是高空作业，因此对人员身体状态、登杆工器具、监护人员和安全措施均有较为严格的要求。

二、登杆工器具

安全带、脚扣（或升降板）、安全绳（放坠器）、安全帽。

三、登杆人员要求

（1）登杆作业共 2 人组成，专责监护 1 人，杆上电工 1 人。

（2）操作人员身体、精神状态良好，身着工作服，穿工作鞋，戴安全帽、手套。

四、登杆准备工作

（1）工器具的检查。登杆前必须对登杆的脚扣（升降板）、安全带、安全绳、安全帽进行外观、试验合格证的检查。

为了安全，在登杆前必须对所用的脚扣仔细检查、脚扣的各部分有无断裂、锈蚀现象；脚扣皮带是否牢固可靠，脚扣皮带若损坏，不得用绳子或电线捆绑代替。

（2）登杆前，应先检查电杆根部、基础和拉线是否牢固。遇有冲刷、起土、上拔或导地线、拉线松动的电杆，应先培土加固，打好临时拉线或支好杆架后，再行登杆。

（3）对脚扣（升降板）和安全带进行冲击试验。脚扣试验时必须单脚进行，当一只脚扣试验完毕后，再试第二只。试验方法简便，登一步电杆，然后使整个人的重力以冲击的速度加在一只脚扣上。在试验后证明两只脚扣都没有问题，才能正式进行登杆。

五、脚扣登杆作业

1. 向上攀登

在地面套好脚扣，登杆时根据自身方便，可任意用一只脚向上跨扣（跨距大小根据自身条件而定），同时用与上跨脚同侧的手向上扶住电杆。然后另一只脚再向上跨扣，同时另一只手也向上扶住电杆，如图3-22（c）所示的上杆姿势。以后步骤重复，只需注意两手和两脚的协调配合，当左脚向上跨扣时，左手应同时向上扶住电杆；当右脚向上跨扣时，右手应同时向上扶住电杆，直到杆顶需要作业的部位。

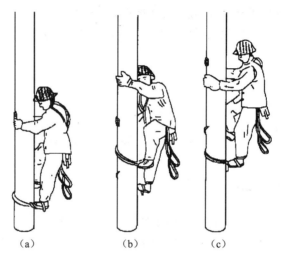

图3-22　运用脚扣杆示意图
（a）步骤1；（b）步骤2；（c）步骤3

2. 杆上作业

（1）操作者在电杆左侧工作，此时操作者左脚在下，右脚在上，即身体重心放在左脚，右脚辅助。估测好人体与作业点的距离，找好角度，系牢安全带即可开始作业（必须扎好安全腰带，并且要把安全带可靠地绑扎在电线杆上，以保证在高空工作时的安全）。

（2）操作者在电杆右侧作业，此时操作者右脚在下，左脚在上，即身体重心放在右脚，以左脚辅助。同样估测好人体与作业点上下、左右的距离和角度，系牢安全带后即可开始作业。

（3）操作者在电杆正面作业，此时操作者可根据自身方便采用上述两种方式的一种方式进行作业，也可以根据负荷轻重，材料大小采取一点定位，即两脚同在一条水平线上，用一只脚扣的扣身压扣在另一只脚的扣身上。这样做是为了保证杆上作业时的人体平稳。脚扣扣稳之后，选好距离和角度，系牢安全带后进行作业。

3. 下杆

杆上工作全部结束，经检查无误后下杆。下杆可根据用脚扣在杆上作业的三种方式，首先解脱安全带，然后将置于电杆上方侧的（或外边的）脚先向下跨扣，同时与向下跨扣之脚的同侧手向下扶住电杆，然后再将另一只脚向下跨扣，同时另一只手也向下扶住电杆，如图 3-23 所示。以后步骤重复，只需注意手脚协调配合往下就可，直至着地。

运用脚扣上、下杆的每一步，必须先使脚扣环完全套入，并可靠地扣住电杆，才能移动身体。此点要注意，否则容易造成事故。

六、升降板登杆作业

升降板是电工攀登电杆及杆上作业的一种工具。要求升降板的木板和白棕绳的承受能力均应为 300 kg，每半年要进行一次载荷试验，在每次登高前应做人员冲击试验。升降板使用方法要掌握得当，否则发生脱钩或下滑，就会造成人身事故。

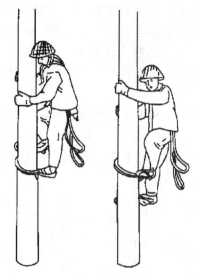

图 3-23 运用脚扣下杆示意图

1. 向上攀登

第一步动作：左手握住绳子上部，绕过电杆，右手握住绕过来的铁钩，钩子开口应向上（开口向下绳子会滑出），两只手同时用力将绳子向上甩（超过一人举手高度），左手的绳子套在右手的铁钩内，左手拉住绳子往下方用力收紧，如图 3-24（a）步骤 1 所示，把一只升降板钩挂在电杆上，高度恰使操作者能跨上，把另一只升降板背挂在肩上。左手握左面绳子与木板相接的地方，将木板沿着电杆横向右前方推出，右脚向右前方跷起，踩在木板上，接着右手握住钩子下边的两根棕绳，并使大拇指顶住铁钩用力向下拉紧（拉得越紧，套在电杆上的绳子越不会下滑。左手将木板往左拉，并用力向下撅，左脚用力向上蹬跳，右脚应在木板上踩稳，人体向上，登上升降板。

如图 3-24（b）步骤 2 所示，操作者两手和两脚同时用力，使人体上升，待人体重心转到右脚，左手即应松去，并趁势立即向上扶住电杆，左脚抵住电杆；如图 3-24（c）步骤 3 所示，当人体上升到一定高度时，即应松去右手，并向上扶住电杆，且趁势使人体立直，接着用刚提上的左脚去围绕左边的棕绳。左脚绕过左面的棕绳，站在升降板上两腿绷直（这样做人不容易向后倒，安全）

第二步动作：取下背在肩上的另一只升降板，按同样方法在电杆上扣牢。如图 3-24（d）步骤 4 所示，在左脚绕过左面的棕绳后踏入三角挡内，待人体站稳后，才可在电杆上一级勾挂另一只升降板，此时人体的平稳是依靠左脚围绕在左面棕绳来维持。操作者右手握住在电杆上方那只升降板钩子下边的两根绳子，稳住身体，左脚原来在下升降板的绳子前面，现绕回站在木板上，右脚跷起踏在上面升降板的木板上，左手握住上面一只升降板左面绳子和木板相接处用力往上攀登（动作和第一步相同）。如图 3-24（e）步骤 5 所示，右手紧握上面一只升降板的两根棕绳，并使大拇指顶住铁钩，左手握住左边（贴近木板）棕绳，然后把左脚从棕绳外退出，改成正踏在三角挡内，接着才可使右脚跨上另一只升降板的木板。此时人体的受力依靠右手紧握住两根棕绳来获得，人体的平衡依靠左手紧握左面棕绳来维持。操作者左脚离开下面升降板的过程中，脚应悬在两根绳子间和电杆与绳子的中间，用左脚挡住下面那只升降板，使之避免下滑，用左手解脱下面的升降板。如

图3-24中步骤6所示，当人体离开下面一只升降板的木板时，则需把下面一只升降板解下，此时左脚必须抵住电杆，以免人体摇晃不稳。左脚提上仍盘绕在左边绳子站在升降板上。重复上述往上挂升降板的动作，一步一步向上攀登。要注意由于越往上电杆越细，升降板放置的档距也应逐渐缩小些。

2. **杆上作业**

（1）站立方法如图3-25所示。两只脚内侧夹紧电杆，这样升降板不会左右摆动摇晃。

（2）安全带束腰位置。刚开始学习当电工的人一般都喜欢把安全带束在腰部，但杆上作业时间一般较长，腰部是承受不了的，正确位置是束在腰部下方臀部位置，这样不仅工作时间可长些，而且人的后仰距离也可更大，但安全带不能束的太松，以不滑过臀部为准。

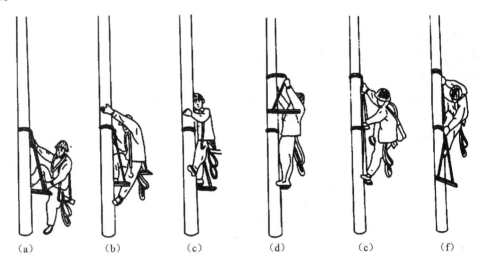

图3-24 用升降杆登杆示意图

（a）步骤1；（b）步骤2；（c）步骤3；（d）步骤4；（e）步骤5；（f）步骤6

图3-25 在登高板上作业站立姿态示意图

3. 下杆

如图 3-26 所示，解脱安全带后在升降板上站好，左手握住另一只升降板的绳子，放置在腰部下方，右手接住铁钩绕过电线杆，在人站立着的升降板绳子与电杆间隙中间钩住左手的绳子（要注意钩子的开口仍要向上），这时左手同时握住绳子和铁钩（可使绳子不滑出铁钩），并使这只升降板徐徐下滑；将左脚放在左手下方，左手左脚同时以最大限度向下滑，然后用左手将绳子收紧，用左脚背内侧抵住；左手握住上面升降板绳子的下方，同时右脚向图 3-25 在登高板上作业站立姿态示意图下，右手沿着上面升降板右面绳子向下滑，并握住木板，左脚用力使人体向外，右脚踩着下面升降板，此时下面升降板已受力，可防止升降板自然下落的趋势；抽出左脚，盘住左面的绳子在升降板上站好，将上面升降板绳子向上晃动，使绳子与铁钩松动，升降板自然下滑，解下。重复上述步骤，一级一级移到地面。

4. 脚扣和升降板登高操作比较

运用升降板登杆看似复杂费力，实际运用熟练后，用升降板登杆和下杆方便快捷，特别是在杆上作业，比较灵活舒适，即使长时间作业，也不易感到疲劳。而运用脚扣登杆，登木杆要选用扣环上制有铁齿的脚扣；登混凝土杆要选用扣环上裹有橡胶的脚扣，同时必须穿适合电线杆粗细的脚扣，而且登杆和下杆时需要调整脚扣大小，用脚扣杆上作业时也易感到疲劳。

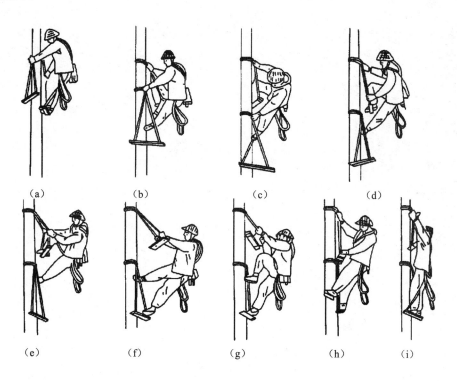

图 3-26　用升降板下杆具体步骤示意图
(a) 步骤 1；(b) 步骤 2；(c) 步骤 3；(d) 步骤 4；
(e) 步骤 5；(f) 步骤 6；(g) 步骤 7；(h) 步骤 8；(i) 步骤 9

七、登杆作业基本操作过程概述

根据实际工作与考核现场综合分析，对登杆过程做以下概述：

（1）工作人员接到工作负责人的登杆命令后，工作人员到工具存放处选择所需工器具（检查该工具是否有合格证且在有效期内，再做外观等检查）。根据自己的身高与电杆的直径选择脚扣或升降板。

（2）将选好的工具搬移到指定的杆塔。

（3）对该杆塔进行检查（检查杆塔基础、杆身及拉线等）。

（4）对登杆工具进行冲击试验。

（5）检查一切正常后向监护人报告开始登杆。

（6）上杆与下杆步骤参照登杆工具使用步骤。

（7）达到工作位置系好安全带。

（8）站稳后开始工作。

（9）工作结束后下杆。

（10）下杆后整理好工具，搬移到库存点摆放好。

（11）向工作负责人汇报工作结束。

项目四

防火与防爆

项目描述

某车胎制造厂为了追求经济效益，不断加大生产产量。虽然是夏天，气温高达32℃，橡胶制品车间仍存放大量汽油，由于高温，汽油大量挥发成气体，与空气混合飘浮在车间周围，车间门外还放置着4台火压硫化机。

某日，火压硫化机用的一台火炉向外喷火，工人没有及时发现，火苗使空气中的汽油燃烧，火焰迅速从门外引向车间，致使汽油桶爆炸燃烧，并将大量的原材料引燃，蔓延成巨大火灾。大火持续近2个小时，车间毁于一旦，造成人员重大伤亡。

知识准备

为防止电气火灾发生，各供用电单位至少每年组织一次消防安全教育，学习消防法律法规，了解本单位、本岗位的火灾危险性、重点防火部位和防火措施，学习有关消防设施的性能。本项目从消防知识入手，继而介绍了各种灭火器的性能，通过火灾报警和灭火器的使用方法两部分实际操作，掌握报警的要点，学会使用灭火器扑灭初起火灾。

为防止电气火灾发生，应定期组织专门人员开展消防安全检查和巡查，保证安全出口、疏散通道的畅通，安全疏散标志、应急照明完好，消防水源充足并定期开展消防演习。本任务通过对110 kV仿真变电站和电气实验大楼消防安全巡视检查，使学生对不同场合中各种类型的防火防爆措施有基本认识。

项目目标

（1）能叙述燃烧、爆炸的相关概念，指出引起火灾和爆炸的原因。

（2）能叙述灭火的基本方法。

（3）会迅速、准确地报警。

（4）能熟练使用各种类型灭火器灭火。

（5）能指出产生电气火灾和爆炸的原因。

（6）能叙述电气防火防爆的措施。

（7）能叙述扑灭电气火灾的方法。

（8）能熟练辨识各种类型的防火防爆设施。

任务一 灭火器的使用

一、燃烧、火灾和爆炸

1. 燃烧

燃烧是物质（或组成物质的各种元素）和氧剧烈化合，生成相应氧化物，同时发光发热的现象，燃烧是发光发热的化学反应。

发生燃烧必须同时具备三个基本条件，即可燃物质、助燃物质和着火源。可燃物和助燃物的相互反应是燃烧的内因，适当的温度即温度达到燃点是燃烧的外因。可燃物质、助燃物质和着火源三要素齐备且相互作用，即发生燃烧，失去任一条件便不会发生燃烧。燃烧的三个条件关系着防火、防爆措施和灭火措施。电气火灾和爆炸事故都和燃烧相关。

燃烧速度指在单位面积上和单位时间内燃烧掉的可燃物质的数量。由于可燃物质的燃烧一般是在蒸汽或气体状态下进行的，因此，气体可燃物燃烧速度快于液体可燃物，固体可燃物的燃烧速度次于液体可燃物。

2. 火灾

可燃物质着火后超出有效范围而形成灾害的燃烧称为火灾。

3. 爆炸

凡发生瞬间燃烧，物质发生剧烈的物理或化学变化，瞬间释放出大量能量，产生高温高压气体，使周围的空气发生剧烈震荡而造成巨大声响的现象称为爆炸。

爆炸是和燃烧密切联系的，它们的基本要素相同，但后果却大不一样。燃烧是相对平稳的化学反应，而爆炸是大量爆炸性混合物在瞬间同时燃烧，具有极强的破坏力，且爆炸后压力的增长速度很大，因此，爆炸是强烈的。

二、危险物品

危险物品是指能与氧气发生强烈氧化反应，瞬间燃烧产生大量热和气体，并以很大压力向四周扩散而形成爆炸的物质。一般把有火灾或爆炸危险的物品统称为危险物品。表征危险物品危险性的性能参数主要有闪点、燃点、自燃点、爆炸极限、最小引爆电流等。

1. 闪点、燃点及自燃点

（1）闪点：使可燃物遇明火发生闪烁而不引起燃烧的最低温度称为该可燃物的闪点，单位为℃。

（2）燃点：使可燃物质遇明火能燃烧的最低温度称为该可燃物质的燃点。

（3）自燃点：可燃物质温度升高到一定程度，无需外来火源即发生燃烧的现象叫自燃，引起自燃的最低温度叫做自燃点，即自燃温度。

同一物质的闪点比燃点低1℃~5℃，一般多用闪点表示物品的危险性能。闪点越低，火灾危险越大，即形成火灾和爆炸的可能性越大。温度超过闪点越多，危险性也越大。自燃温度高于可燃物质本身的燃点，自燃温度越低，形成火灾和爆炸的危险性就越大。

2. 爆炸极限

可燃气体、可燃液体的蒸汽、可燃粉尘或化学纤维这一类物质，接触明火即能着火燃烧。当可燃气体、悬浮状态的粉尘和纤维这类物质与空气混合，其浓度达到一定比例时，便形成了气体、蒸汽、粉尘或纤维的爆炸性混合物。爆炸性混合物的浓度达到一定数值时，遇火源即能着火爆炸，这个浓度称为爆炸极限。可燃气体、蒸汽混合物的爆炸极限，以其体积的百分比（%）表示；可燃粉尘、纤维的爆炸极限则以其占混合物中单位体积的质量（g/m^3）表示。

能引起爆炸的最低浓度和最高浓度分别称为爆炸下限和爆炸上限。浓度高于上限时，供氧不足；浓度低于下限时，可燃物含量不够。故浓度低于爆炸下限或高于爆炸上限，只能着火燃烧，而不会形成爆炸。

3. 最小引爆电流

最小引爆电流是引起爆炸性混合物发生爆炸的最小电火花所具有的电流。随着爆炸性混合物特征和电路特征等因素不同，最小引爆电流在很大范围内变化。在不便确定引爆电流的场合，可以采用最小引燃（引爆）能量，即在这样大小能量的电火花作用下会引起混合物燃烧和爆炸。

三、灭火的基本方法

根据物质燃烧原理，燃烧必须同时具备可燃物、助燃物和着火源三个条件，缺一不可。而一切灭火措施都是为了破坏已经产生的燃烧条件，或使燃烧反应中的游离基消失而终止燃烧。灭火的基本方法有冷却法、窒息法、隔离法和抑制法四种。

1. 冷却法

冷却法就是控制可燃物质的温度，使其降低到燃点以下，以达到灭火的目的。用水进行冷却灭火就是扑救火灾的常用方法，也是一种较简单的方法。一般常见的火灾，如房屋、家具、木材等的着火可以用水进行冷却灭火。另外，也可用二氧化碳灭火器进行冷却灭火。由于二氧化碳灭火器喷出 -78.5 ℃的雪花状固体，二氧化碳在气化时能迅速吸取燃烧物质的热量，从而达到降低温度使燃烧停止的目的。

2. 窒息法

顾名思义，窒息法就是通过隔绝空气的方法，使燃烧区内的可燃物质得不到足够的氧气（助燃物质），而使燃烧停止。这也是常用的一种灭火方法，对于扑救初起火灾作用很大，该方法可用于房间、容器等较封闭地点的火灾。如常见的炒菜时油锅着火，可及时将锅盖盖上，使燃烧的油与锅外的空气隔绝以达到灭火的目的。火场上用窒息法灭火时，可采用湿麻袋、湿棉被、砂土、泡沫等不燃或难燃材料覆盖燃烧物或封闭孔洞；用水蒸气、惰性气体（如二氧化碳、氮气等）冲入燃烧区域；利用建筑物上原有的门窗以及生产储运设备上的部件来封闭燃烧区，阻止新鲜空气进入。此外，在无法采取其他补救方法而条件又允许的情况下，可采用水淹没（灌注）的方法进行补救。

3. 隔离法

隔离法是将燃烧物与附近可燃物隔离或者疏散开，从而使燃烧停止。采取隔离法灭火的具体措施有很多种，如将火源附近的易燃易爆物质转移到安全地点；关闭设备或管道上的阀门，阻止可燃气体、液体扩散或流入到燃烧区；排除生产装置、容器内的可燃气体、液体；阻拦疏散易燃、可燃或扩散的可燃气体；拆除与货源相毗邻的易燃建筑结构，形成阻止火势蔓延的空间地带等。

4. 抑制法

抑制法是将化学灭火剂喷入燃烧区参与燃烧反应，中断燃烧的锁链反应，使燃烧反应停止。采用这种方法的灭火剂有干粉和1211、1301等卤代烷灭火剂。灭火时，一定要将足够数量的灭火剂准确地喷射在燃烧区内，使灭火剂参与并阻断燃烧反应，否则将起不到阻止燃烧的作用。同时还要采取必要的冷却降温措施，以防复燃。

在火场上采取哪种灭火方法，应根据燃烧物质的性质、燃烧的特点、火场的具体情况以及灭火器材装备的性能进行选择。

四、常用灭火器材的性能

1. 灭火剂

常用灭火剂的选用依据灭火的有效性、对设备的影响和对人体的影响三条基本原则来进行。目前常用的灭火剂有水、干粉、二氧化碳、泡沫及卤族元素等。

由于环保要求，我国已明确提出，在2010年后禁止使用1211、1301灭火装置，替代品可选用七氟丙烷或三氟甲烷，若是新装设备，还可选用二氧化碳或烟烙尽灭火系统。

三氟甲烷是一种人工合成的无色、几乎无味、不导电气体，密度为空气的2.4倍；七氟丙烷又称FM200或HFC-227ea，是一种无色、无味的气体，具有保护环境、保护生命安全和工作温度范围大等特点。

INERGEN（烟烙尽）是氮气、氧气、二氧化碳以52：40：8的体积比例混合而成的一种灭火剂，它的三个组成成分均为不活泼气体，为大气基本成分。烟烙尽气体无色、无味、不导电、无腐蚀、无环保限制，在灭火过程中无任何分解物。

2. 灭火器

灭火器是由筒体、喷头、喷嘴等部件组成的，借助驱动压力喷出所充装的灭火剂，达到灭火的目的。它是扑救初起火灾的重要消防器材。常用灭火器的类别如图4-1所示。

（a）　　　　　（b）　　　　　（c）　　　　　（d）

图4-1　各种类别灭火器

（a）二氧化碳灭火器；（b）干粉灭火器；（c）泡沫灭火器；（d）1211灭火器

常用灭火器的灭火药剂与原理见表 4 - 1。

表 4 - 1　常用灭火器药剂与原理

类别	二氧化碳灭火器	干粉灭火器	泡沫灭火器	1211 灭火器
药剂与原理	液态二氧化碳喷射时，二氧化碳液态迅速蒸发，变成固体二氧化碳（干冰），其温度为 - 78 ℃。雪花状的干冰在燃烧物体上迅速挥发而变成气体，吸热降温，并使燃烧物与空气隔绝而熄灭	由碳酸氢钠（钠盐干粉）、碳酸氢钾（钾盐干粉）、磷酸二氢铵、尿素干粉等以高压二氧化碳作动力喷射，粉剂能附着在燃烧物的表面层，起到窒息火焰、隔绝空气、防止复燃的作用	碳酸氢钠、发泡剂、硫酸铝冷却和覆盖在燃烧物表面，隔绝空气而中止燃烧	1211（即二氟一氯一溴甲烷 CF2ClBr）窒息火焰，抑制燃烧连锁反应而中止燃烧

任务二　电气防火措施

一、电气火灾和爆炸的原因

由于电气方面原因形成的火源所引起的火灾和爆炸称为电气火灾和爆炸，例如，由某种原因造成变压器、电力电缆、断路器的爆炸起火；配电线路短路或过负荷引起的火灾等。

发生电气火灾和爆炸一般要具备两个条件，即有易燃易爆的环境和引燃条件。

（一）易燃易爆环境

在发电厂及变电站，广泛存在易燃易爆物质，许多地方潜藏着火灾和爆炸的可能性。例如，电缆本身是由易燃绝缘材料制成的，故电缆沟、电缆夹层和电缆隧道容易发生电缆火灾；油库、用油设备（如变压器、油断路器）及其他存油场所也易引起火灾和爆炸。

（二）引燃条件

电气着火源是引发电气火灾和爆炸的外部条件。电气着火源可能是下述原因产生的。

1. 电气设备过热造成危险

电气设备运行时是会发热的，但是，设备在安装和正常运行状态中，发热量和设备散热量处于平衡状态，设备温度不会超过额定条件规定的允许值，这是设备的正常发热。当电气设备正常运行遭到破坏时，设备可能过度发热，达到危险温度，会使易燃易爆物质温度升高，当易燃易爆物质达到其自燃温度时，便着火燃烧，引起电气火灾和爆炸。

造成危险温度的原因有以下几种：

（1）过载。过载是电力系统火灾的主要原因。电气设备或线路长时间过载运行，因电流过大，可能会引起过度发热。

（2）短路。发生短路时线路或设备中的电流超过正常电流的几倍甚至几十倍，而电流产生的热量与电流平方成正比，就会使温度急剧上升。

（3）接触不良。衡量电气连接头好坏的标准是接触电阻的大小，容量小的设备要小些，容量大的设备可大些，重要的母线和干线连接处必须符合规定标准，导线连接点（焊接或压接、铰接）、电气设备的接线端子、开关、插销等连接处如果接触不良，将因接触电阻增加而导致火灾。

（4）铁芯发热。变压器、电动机等电气设备铁芯硅钢片绝缘损坏、涡流损耗增加或铁芯多点接地等造成局部短路，都会使铁芯局部过热，如附近绝缘物燃烧，引起火灾或爆炸。

（5）散热不良。在设备的散热装置发生故障或损坏时，散热条件恶化，不能将电气设备正常运行中产生的热量散失，就可能引起局部过热或整体温度升高。

（6）电热器件使用不当。有些电气设备正常工作时，外壳或表面具有很高的温度，发出较多的热量，使温度升高，引燃可燃物造成火灾。如电炉电阻丝的温度高达800℃以上；电熨斗的工作温度高达500℃～600℃；白炽灯灯丝温度高达2 000℃～3 000℃。如果这些发热元件紧贴在可燃物上或离可燃物太近，极易引起火灾。如当200 W的灯泡紧贴纸张时，十几分钟即可将纸张烘燃。

2. 电火花和电弧

一般电火花和电弧的温度都很高，电弧温度可高达6000℃，不仅能引起可燃物质燃烧，还可直接引燃易燃易爆物质或使金属融化、飞溅，间接引燃易燃易爆物质引起火灾。因此，在有火灾和爆炸危险的场所，电火花和电弧是很危险的着火源。

电火花和电弧包括工作电火花和电弧、事故电火花和电弧两类。工作电火花和电弧指电气设备在正常工作和操作过程中产生的电火花和电弧；事故电火花和电弧，指电气设备或线路发生故障时产生的电火花和电弧。

电火花和电弧在以下情况下能引起空间爆炸：

（1）周围空间有混合物。

（2）充油设备的绝缘油在电弧作用下分解汽化，喷出大量油雾和可燃气体。

（3）发电机氢冷装置漏气、酸性蓄电池充放电排出氢气等形成爆炸性混合物。

3. 漏电及接地故障引起火灾

当单相接地故障以弧光短路的形式出现或线路绝缘损坏，将导致供电线路漏电。低压电路的泄漏电流随电路的绝缘电阻、对地静电电容、温度、湿度等因素的影响而变化，同一电路在不同季节测得数据也不相同，但由于泄漏电流不大，保护装置不能动作，因此在漏电处热量积蓄到一定值时，就可能酿成火灾。

4. 静电引起火灾及爆炸

静电电量虽然不大，但因其电压很高而容易发生火花放电，如果所在场地有易燃物品，又由易燃物品形成爆炸性混合物，便可能由于静电火花而引起爆炸或火灾。潮湿季节里静电不容易积累，所以静电事故多数发生在干燥的冬季。无论是带静电的人体接近接地体或人体接近带静电物体时，都可能发生火花放电，从而导致火灾和爆炸。对于静电引起的火灾和爆炸，就行业性质而言，一般以炼油化工、橡胶、造纸、印刷、粉末加工等行业事故较多；就工艺种类而言，则是以输送、装卸、搅拌、喷射、卷纸和开卷、涂层、研磨等工艺过程事故较多。

5. 雷电

雷电是在大气中产生的，雷云是大气电荷的载体，当雷云与地面建筑物或构筑物接近到一定距离时，雷云高电位就会把空气击穿放电，产生闪电、雷鸣现象。雷云电位可达 10 000 ~ 100 000 kV，雷电流可达几十甚至上百千安，若以 0.00 001 s 的时间放电，其放电能量约为易燃易爆物质点火能量的 100 万倍，足可使人死亡或引起火灾。雷电的危害类型除直击雷外，还有感应雷（含静电和电磁感应）、雷电反击、雷电波的侵入和球形雷等。这些雷电危害形式的共同特点就是放电时总要伴随机械力、高温和强烈火花的产生，使建筑物破坏，输电线或电气设备损坏，油罐爆炸、堆场着火。

综上所述，虽然造成电气火灾和爆炸的原因很多，但总的来看电流的热量和放电火花或电弧是引起火灾和爆炸的直接原因。

二、防止电气火灾的措施

（一）消除或减少爆炸性混合物

例如，采取封闭式作业，防止爆炸性混合物泄漏；清理现场积尘，防止爆炸性混合物积累；设计正压室，防止爆炸性混合物侵入；采取开放式作业或通风措施，稀释爆炸性混合物；在危险空间充填惰性气体或不活泼气体，防止形成爆炸性混合物；安装报警装置，当混合物中危险物品的浓度达到其爆炸下限的 10% 时报警等。

在爆炸危险环境，如有良好的通风装置，能降低爆炸性混合物的浓度，从而降低环境的危险等级。蓄电池可能有氢气排出，所以应有良好的通风。变压器室一般采用自然通风，若采用机械通风时，其送风系统不应与爆炸危险环境的送风系统相连，且供给的空气不应含有爆炸性混合物或其他有害物质。多间变压器室共用一套送风系统时，每个送风支管上应装防火阀，其排风系统应独立装设。排风口不应设在窗口的正下方。

通风系统应用非燃烧性材料制作，而且结构应坚固，连接应紧密。通风系统内不应有阻碍气流的死角。电气设备应与通风系统连锁，运行前必须先通风。通风系统排出的废气，一般不应排入爆炸危险环境。对于闭路通风的防爆通风型电气设备及其通风系统，应供给清洁气体以补充漏损，保持系统内的正压。电气设备外壳及其通风、充气系统内的门或盖子上，应有警告标志或连锁装置，防止运行中错误打开。爆炸危险环境内的事故排风用电动机的控制设备应设在事故情况下便于操作的地方。

（二）隔离和间距

隔离是将电气设备分室安装，并在隔墙上采取封堵措施，以防爆炸性混合物进入。电动机隔墙传动时，应在轴与轴孔之间采取适当的密封措施，将工作时产生火花的开关设备装于危险环境范围以外（如墙外），采用室外灯具通过玻璃窗给室内照明等都属于隔离措施。将普通拉线开关浸泡在绝缘油内运行，并使油面有一定高度，保持油的清洁；将普通日光灯装入高强度玻璃管内，并用橡皮塞严密堵塞两端，这些都属于简单的隔离措施。

户内电压为 10 kV 以上、总油量为 60 kg 以下的充油设备，可安装在两侧有隔板的间隔内；总油量为 60 ~ 600 kg 者，应安装在有防爆隔墙的间隔内；总油量为 600 kg 以上者，应安装在单独的防爆间隔内。

毗连变、配电室的门及窗应向外开，并通向无爆炸或火灾危险的环境。

选择合理的安装位置，保持必要的安装间距，是电气防火防爆的一项重要措施。

变、配电站是工业企业的动力枢纽，电气设备较多，而且有些设备工作时产生火花和较高温度，其防火、防爆要求比较严格，室外变、配电站与建筑物、堆场、储罐应保持规定的防火间距，且变压器油量越大，建筑物耐火等级越低及危险物品储量越大者，所要求的间距也越大，必要时可加防火墙。还应当注意，露天变、配电装置不应设置在易于沉积可燃粉尘或可燃纤维的地方。

为了防止电火花或危险温度引起火灾，开关、插销、熔断器、电热器具、照明器具、电焊设备和电动机等均应根据需要，适当避开易燃物或易燃建筑构件。起重机滑触线的下方不应堆放易燃物品。

10 kV 及其以下架空线路，严禁跨越火灾和爆炸危险环境；当线路与火灾和爆炸危险环境接近时，其间水平距离一般不应小于杆柱高度的 1.5 倍；在特殊情况下，采取有效措施后允许适当减小距离。

（三）消除着火源

为了防止出现电气着火源，应根据爆炸危险环境的特征和危险物的级别和组别选用电气设备和电气线路，并保持电气设备和电气线路安全运行。安全运行包括电流、电压、温升和温度等参数不超过允许范围，还包括绝缘良好、连接和接触良好、整体完好无损、清洁、标志清晰等。

保持设备清洁有利于防火。设备脏污或灰尘堆积既降低设备的绝缘性又妨碍通风和冷却，特别是正常时有火花产生的电气设备，很可能由于污垢过多而引起火灾。因此，从防火角度，也要求定期或经常地清扫电气设备，以保持清洁。在爆炸危险环境，应尽量少用携带式电气设备，少装插销座和局部照明灯。为了避免产生火花，在爆炸危险环境更换灯泡时应停电操作。基于同样理由，在爆炸危险环境内一般不应进行测量操作。

（四）爆炸危险环境接地和接零

爆炸危险环境的接地、接零比一般环境要求高。爆炸性气体环境接地设计应符合下列要求。

1. 接地范围

下列按有关电力设备接地设计技术规程规定不需要接地的部分，在爆炸性气体环境内仍应进行接地。

（1）在不良导电地面处，交流额定电压为 380 V 及以下和直流额定电压为 440 V 及以下的电气设备正常不带电的金属外壳。

（2）在干燥环境，交流额定电压为 127 V 及以下，直流电压为 110 V 及以下的电气设备正常不带电的金属外壳。

（3）安装在已接地的金属结构上的电气设备。

（4）敷设有金属包皮且两端已接地的电缆用的金属构架均应接地（或接零）。

2. 整体性连接

在爆炸危险环境，必须将所有设备的金属部分、金属管道以及建筑物的金属结构全部接地（或接零）并连接成连续整体，以保持电流途径不中断。接地（或接零）干线宜在爆炸危险环境的不同方向且不少于两处与接地体相连，连接要牢固，以提高可靠性。

3. 保护导线

单相设备的工作零线应与保护零线分开，相线和工作零线均应装有短路保护元件，并装设双极开关同时操作相线和工作零线。

4. 保护方式

在不接地配电网中，必须装设一相接地时或严重漏电时能自动切断电源的保护装置或能发出声、光双重信号的报警装置。在变压器中性点直接接地的配电网中，为了提高可靠性，缩短短路故障持续时间，系统单相短路电流应当大一些。其最小单相短路电流不得小于该段线路熔断器额定电流的 5 倍或低压断路器瞬时（或短延时）动作电流脱扣器整定电流的 1.5 倍。

（五）消防供电

为了保证消防设备不间断供电，应考虑建筑物的性质、火灾危险性、疏散和火灾扑救难度等因素。

高度超过 24 m 的医院、百货楼、展览楼、财政金融楼、电信楼、省级邮政楼和高度超过 50 m 的可燃物品厂房、库房，以及超过 4 000 个座位的体育馆，超过 2 500 个座位的会堂等大型公共建筑，其消防设备均应采用一级负荷供电。

户外消防用水量大于 0.03 m^3/s 的工厂、仓库或户外消防用水量大于 0.035 L/s 的易燃材料堆物、油罐或油罐区、可燃气体储罐或储罐区，以及室外消防用水量大于 0.025 L/s 的公共建筑物，应采用 6 kV 以上专线供电，并应有两回线路。超过 1 500 个座位的影剧院，户外消防用水量大于 0.03 m^3/s 的工厂、仓库等，宜采用由终端变电所两台不同变压器供电，且应有两回线路，最末一级配电箱处应自动切换。

对某些电厂、仓库、民用建筑、储罐和堆物，如仅有消防水泵，而采用双电源或双回路供电确有困难，可采用内燃机作为带动消防水泵的动力。

鉴于消防水泵、消防电梯、火灾事故照明、防火、排烟等消防用电设备在火灾时必须确保运行，而平时使用的工作电源发生火灾时又必须停电，从保障安全和方便使用出发，消防用电设备配电线路应设置单独的供电回路，即要求消防用电设备配电线路与其他动力、照明线路（从低压配电室至最末一级配电箱）分开单独设置，以保证消防设备用电。为避免在紧急情况下操作失误，消防配电设备应有明显标志。

为了便于安全疏散和火灾扑救，在有众多人员聚集的大厅及疏散出口处、高层建筑的疏散走道和出口处、建筑物内封闭楼梯间、防烟楼梯间及其前室，以及消防控制室、消防水泵房等处应设置事故照明。

三、扑灭电气火灾

1. 切断电源

电气设备或电气线路发生火灾，如果没有及时切断电源，扑救人员身体或所持器械可能接触带电部分而造成触电事故。水枪射出的直流水柱、泡沫灭火器射出的泡沫等射至带电部分，也可能造成触电事故。火灾发生后，电气设备可能因绝缘损坏而碰壳短路；电气线路可能因电线断落而接地短路，使正常时不带电的金属构架、地面等部位带电，也可能导致接触电压或跨步电压触电危险。

因此，发现起火后，首先要设法切断电源。切断电源应注意以下几点：

（1）火灾发生后，由于受潮和烟熏，开关设备绝缘能力降低，因此，拉闸时最好用绝缘工具操作。

（2）高压应先操作断路器而不应该先操作隔离开关切断电源，低压应先操作电磁启动器而不应该先操作刀开关切断电源，以免引起弧光短路。

（3）切断电源的地点要选择适当，防止切断电源后影响灭火工作。

（4）剪断电线时，不同相的电线应在不同的部位剪断，以免造成短路。剪断空中的电线时，剪断位置应选择在电源方向的支持物附近，以防止电线剪后断落下来，造成接地短路和触电事故。

2. 带电灭火安全要求

有时，为了争取灭火时间，防止火灾扩大，来不及断电或因灭火、生产等需要，不能断电，则需要带电灭火。带电灭火须注意以下几点：

（1）应按现场特点选择适当的灭火器。二氧化碳灭火器、干粉灭火器的灭火剂都是不导电的，可用于带电灭火。泡沫灭火器的灭火剂（水溶液）有一定的导电性，而且对电气设备的绝缘有影响，不宜用于带电灭火。

（2）用水枪灭火时宜采用喷雾水枪，这种水枪流过水柱的泄漏电流小，带电灭火比较安全。用普通直流水枪灭火时，为防止通过水柱的泄漏电流通过人体，可以将水枪喷嘴接地（即将水枪接入埋入接地体的地面，或接向地面网络接地板，或接向粗铜线网络鞋套）；也可以让灭火人员穿戴绝缘手套、绝缘靴或穿戴绝缘服操作。

（3）人体与带电体之间应保持必要的安全距离。

①用水灭火时，水枪喷嘴至带电体的距离：电压为 10 kV 及其以下者不应小于 3 m，电压为 220 kV 及其以上者不应小于 5 m。

②用二氧化碳等有不导电灭火剂的灭火器灭火时，机体、喷嘴至带电体的最小距离：电压为 10 kV 及其以下者不应小于 0.4 m，电压为 35 kV 及其以上者不应小于 0.6 m。

（4）对架空线路等空中设备进行灭火时，人体位置与带电体之间的仰角不应超过 45°。

3. 充油电气设备的灭火

充油电气设备的油，其闪点多在 130℃ ~ 140℃ 之间，有较大的危险性。如果只在该设备外部起火，可用二氧化碳、干粉灭火器带电灭火。如火势较大，应切断电源，可用水灭火。如油箱破坏，喷油燃烧，火势很大时，除切断电源外，有事故储油池的应设法将油放进事故储油池，坑内和地面上的油火可用泡沫扑灭。要防止燃烧着的油流入电缆沟而顺沟蔓延；电缆沟内的油火只能用泡沫覆盖扑灭。发电机和电动机等旋转电机起火时，为防止轴和轴承变形，可令其慢慢转动，用喷雾水灭火，并使其均匀冷却；也可用二氧化碳或蒸汽灭火，但不宜用干粉、砂子或泥土灭火，以免损伤电气设备的绝缘性能。

项目五

紧 急 救 护

项目描述

某地一处高压电线被大风刮断，线头落在地面，李某在经过时不小心踩到，瞬间李某触电呼吸困难。这时，正巧经过的关某用木棍使李某与电线脱离并立即就地抢救，解开李某的上衣纽扣和裤带，进行胸外心脏按压，同时进行口对口人工呼吸。因为抢救及时，李某幸免于难。

知识准备

工作现场发现有人触电时，应立即对触电人员按触电急救原则实施急救。通过实施触电急救，要求学会使触电者脱离电源的方法和心肺复苏法。

项目目标

（1）使触电者就地、快速地脱离低压电源。
（2）能准确无误地实施口对口人工呼吸和胸外心脏按压。

知识链接

任务一　触 电 急 救

触电是指人与带电物体（或电源）相接触并有危害人身安全的电流通过身体的现象。

触电急救必须分秒必争，立即就地采用心肺复苏法进行抢救，并坚持不懈地进行。同时，及早与医疗部门联系，争取医务人员接替救治。任何时候都不能放弃抢救，只有医生才有权做出伤员死亡的诊断。

一、脱离电源

触电急救的关键是使触电者迅速脱离电源。所谓脱离电源就是要把触电者与带电设备脱离开，使电流不再流经人体，中断电流对人体的伤害。

1. 断电

迅速将带电设备的开关、刀闸或其他的断路设备断开，使与触电者接触的物体失去电源，即不再带电。如果开关、刀闸等断路设备距离触电地点很近，应立即拉开电源开关或刀闸，拔除电源插头等以切断电源，如图 5-1 所示。

图 5-1 拉开开关或拔掉插头

2. 断线

如果开关、刀闸等断路设备距离触电地点很远，可用绝缘手钳或用装有干燥木柄的斧、刀、铁锹等把电线切断，如图 5-2 所示。必须注意应切断电源侧（即来电侧）的电线，而且还要注意切断的电线不可触及人体。切断电线要分相，一根一根地剪断，并尽可能站在绝缘物体或干木板上操作。

3. 拨离

当导线搭在触电者身上或压在身下时，可用干燥的木棒、木板、竹竿或其他带有绝缘柄的工具，迅速地将电线挑开，如图 5-3 所示。千万不要使用任何金属或潮湿的东西去挑电线，以免救护者触电。如果电流通过触电者入地，并且触电者紧握电线，可设法将干木板塞到其身下，使触电者与地隔离。

切忌用手直接触拉触电者，以防救护者同时触电。

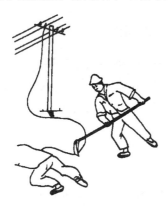

图 5-2 割断电源线

图 5-3 挑、拉电源线

触电者触及高压带电设备，应迅速拉开断路器，或急告当地电业部门停电。如果不能立即切断电源，可用一根较长的金属线，先将其一端绑在金属棒上打入地下，然后将另一端绑上一块石头，掷到高压电线上，造成人为的短路接地停电。

如果触电者触及断落在地上的带电高压导线时，救护者在未做好安全措施（如穿绝缘靴）前，不能接近断线点 8~10 m 范围内，防止跨步电压伤人。此时可双脚紧并，跳跃地接近触电者。只有在触电者脱离带电导线，并移至 8~10 m 以外的地方后，方可进行后续抢救。

4. 高空触电的应急措施

如果触电发生在架空线、杆、塔上，而且是低压带电线路，若能立即切断线路电源的，应迅速切断电源，或者由救护人员迅速登杆，束好自己的安全带后，用带绝缘胶柄的钢丝钳、干燥的不导电物体将触电者拉离电源。如果是高压带电线路，又不可能迅速切断电源断路器的，可采用抛挂足够截面的适当长度的金属短线方法，使电源断路器跳闸断电。此时应注意防止高空坠落。高处发生触电，为使抢救更为有效，应及早设法将伤员送回地面，方法如图 5-4 所示。

在触电急救时，不能用埋土、泼水或压木板等错误方法进行抢救。这些方法不但不会收到良好的效果，反而会加快触电者的死亡。正确的方法是就地采用心肺复苏法进行抢救。

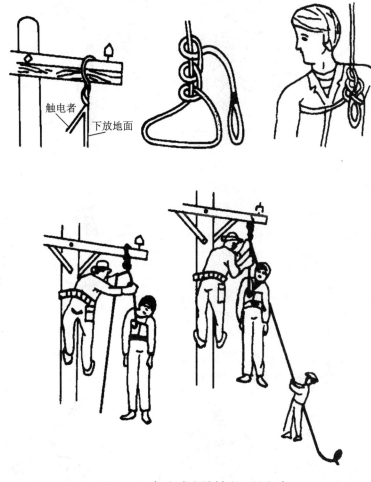

图 5-4　杆上或高处触电下放方法

二、判断呼吸、心跳

触电者如果意识丧失，救护者应迅速用看、听、试的方法判定伤员呼吸心跳情况，如图 5-5 所示。

1. **判定呼吸（5 s 内完成）**

看：看伤员的胸部和上腹部有无呼吸的起伏动作。

听：听伤员的口鼻有无呼气的声音。

试：试伤员的口鼻有无呼气的气流。

如图5-5（a）所示。

2. **判定心跳（5~10 s 内完成）**

如图5-5（b）所示，在判断呼吸的同时，用一只手置于触电者前额，保持头后仰，同时用另一只手的手指试测有无颈动脉搏动，如果颈动脉搏动存在，说明心脏未停止搏动，否则为心脏停搏。

若心跳呼吸停止，应立即开始心肺复苏。

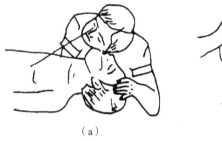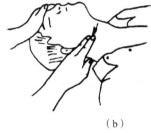

（a）　　　　　　　　　　　　　　（b）

图5-5　判定呼吸和心跳

三、恢复呼吸

1. 通畅气道

恢复呼吸的前提是确保气道开放通畅。此时应迅速将口、鼻腔内的异物、痰涕、呕吐物等清除，拉直舌头，防止舌根后倾，压住咽喉后壁阻塞气道，如图5-6所示。

对于气道异物阻塞者，若神志清醒，可让其反复用力咳嗽，以排出异物。对神志不清者，还可用压腹法或拍击法清除，如图5-7所示。

此外，也可用徒手使气道开放。常用的方法有仰头抬颈法、仰头抬颏法、托颌法，如图5-8所示。

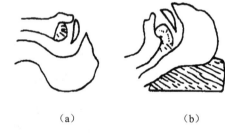

（a）　　　　　　　　　（b）

图5-6　气道状况

（a）通畅；（b）阻塞

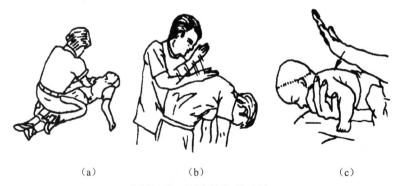

（a）　　　　　　　　（b）　　　　　　　　（c）

图5-7　压腹法和拍击法

（a）压腹法；（b）拍击法（一）；（c）拍击法（二）

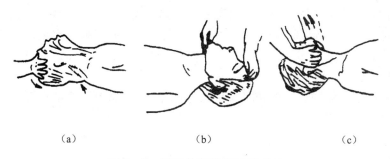

（a）　　　　　　　　　（b）　　　　　　　　　（c）

图 5 -8　徒手使气道开放的方法

（a）仰头抬颈法；（b）仰头抬颏法；（c）托颌法

2. 人工呼吸

气道通畅后应立即进行人工呼吸。所谓人工呼吸就是采用人工操作促使触电者被动地呼吸，使之吸入氧气，排出二氧化碳。

在施行人工呼吸法之前应将伤员移至通风较好的地方，解开伤员衣领、内衣、腰带等，以减少外界对胸、腹活动的束缚。

现场急救中最常使用的是口对口人工呼吸法。其原理是采用口对口人工吹气操作，促使伤员肺部膨胀和收缩，以达到气体交换的目的。具体操作要领如下：

（1）将靠近头部的一只手的掌部置于伤员前额，另一只手的四个手指放在伤员额下，拇指放在其下唇的下方，轻轻用力向上提起，协助另一只手形成"仰头"与"抬颏"，使口微微张开，如图 5 -9（a）所示。

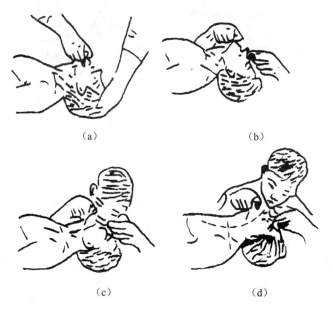

（a）　　　　　　　　　　　　　（b）

（c）　　　　　　　　　　　　　（d）

图 5 -9　口对口人工呼吸法

（a）仰头、抬颏；（b）使头后仰；（c）向口内吹气；（d）伤员自动向外呼气

（2）用按前额的一只手的拇指和食指捏住伤员二侧鼻孔，使不漏气，轻轻向下向后使头后仰，如图 5 -9（b）所示。

（3）救护者做深吸气后，紧贴被救者的嘴（防止漏气）吹气，同时观察其胸部情况，以胸部略有起伏为宜。胸部起伏过大，表示吹气太多，容易把肺泡吹破；胸部无起伏，表示吹气用力过小，如图 5-9（c）所示。每次吹气时间为 1~1.5 s，应当均匀、平稳，吹气太快常不能达到使肺部扩张的要求。

（4）救护者吹气完毕后，应立即离开伤员的嘴，并且放开捏紧的鼻孔，让伤员自动向外呼气，如图 5-9（d）所示。

如果伤员的嘴不易掰开，可捏紧嘴，向鼻孔里吹气（即口对鼻人工呼吸）。

人工呼吸要坚持，不可轻易放弃，吹气频率以每分钟约 12 次为宜。

若伤员口、面部严重损伤，或口腔内有毒性物质，无法采用上述方法时，则可采用摇臂压胸法做人工呼吸。具体操作方法是，使伤员仰卧，肩部用柔软物稍微垫高，头部后仰。救护者跪或立于伤员头侧，拉直伤员双臂过头，使其胸廓被动扩张，吸入空气。保持此位置 2~8 s，然后再屈两臂，将肘部放回两侧胁部，并用力挤压约 2 s，使胸腔缩小，呼出空气。重复上述动作，每分钟 16~18 次，如图 5-10 所示。

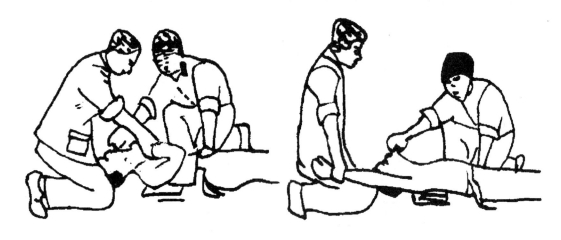

图 5-10 摇臂压胸法

四、恢复心跳

对于脉搏消失的伤员，则应立即施行胸外心脏按压以恢复心跳，重建血液循环。具体操作方法是：伤员应仰面躺平在平硬处，如地面、地板或木板。下肢抬高 30 cm 左右以帮助静脉血液回流。救护者靠近伤员，手的食指和中指并拢，中指置于剑突与胸骨接合处，食指紧挨着中指置于胸骨的下端。用另一只手的掌根紧挨着食指放在胸骨上，此为胸外按压的正确部位，如图 5-11 所示。按压部位确定后，在整个按压过程中不得移动。然后救护者的身体略向前倾（约呈 45°）使两臂刚好垂直于正确按压部分的上方。肘关节绷直不能弯曲，手指翘起，用掌跟接触按压部位，用适当的力量将胸骨向脊柱方向按压，如图 5-12 所示。按压时要平稳，有节律，每分钟 80~100 次。按压深度成人一般为 4~5 cm。在伤员未恢复有效的自主心律前，不得中断按压。整个抢救过程要连续，更换抢救者时，动作要快，停歇时间不宜超过 5 s。

通常情况下，胸外按压与口对口（鼻）人工呼吸同时进行，其节奏为：单人复苏时按压 15 次后吹气 2 次（15∶2）；双人复苏时按压 5 次后吹气 1 次（5∶1）。每当第 5 次按压后应暂停 1 s，进行口对口呼吸，两人应密切合作，避免在吹气时向下按压。

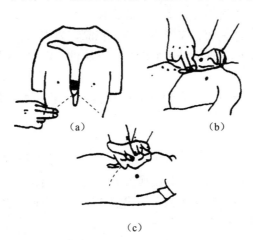

图 5－11　胸外按压的正确部位

（a）食指与中指并拢；（b）中指置于剑突与胸骨接合处，食指紧挨着中指置于胸骨下端；
（c）另一手的手掌紧挨食指放在胸骨上

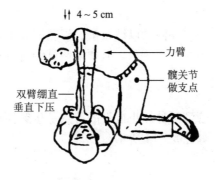

图 5－12　胸外按压的正确姿势

任务二　创伤急救

一、出血急救

成人的血液占其体重的 8% 左右，为 4 500～5 000 ml。当失血量达总血量的 20% 以上，便会出现头晕、头昏、脉搏增快、血压下降、出冷汗、肤色苍白等症状。若失血量超过总血量的 40% 时就会危及生命。

损伤性出血按血管分类有两种。

动脉性出血：血色鲜红，血液呈喷射状流出，出血速度快，危险性最大。

静脉性出血：血色暗红，血液持续不断地从伤口徐徐流出。

毛细血管出血：血色鲜红，呈渗血状，血液从创口内渐渐渗出，找不到明显的出血点，出血量较少。

按损伤类型可分为：

外出血：血液从创口溢流体外，属于开放性损伤。

内出血：多见于闭合性损伤，血液不外溢，积滞在体内。

现场急救中多见外出血，现将外出血的止血方法做一简单介绍。

1. 抬高患肢位置

适用于肢体小出血，将患肢抬高超过心脏位置，目的是增加静脉血液回流和减少出血量。

2. 加压包扎止血法

用无菌敷料覆盖在出血伤口处，再用绷带或三角巾施加一定压力包扎。这是急救中最常用的止血方法之一，适用于除大动脉出血外的一般伤口出血。值得注意的是，如果敷料渗透，不能拆除更换，应再加敷料覆盖，压迫包扎，避免失血过多。在无消毒敷料时，可用清洁的棉布或衣物等代替。

3. 间接指压止血法

在出血动脉的近心端，用手指或手掌根部将出血动脉直接用力压在附近骨面上，使血管闭合，以阻断血流，达到止血目的。这种方法适用于上背、股动脉及头、颈部动脉出血急救。

4. 屈肢加垫止血法

前臂或小腿出血时，可在肘窝内放以纱布垫、棉花团和毛巾等物品，屈曲关节，然后用三角巾做八字形固定，如图 5 - 13 所示。但如果伤员伴有骨折或关节脱位，不能使用此法止血。

5. 止血带止血法

止血带有充气型和橡皮管型两种。止血带的特点是接触面广，施压均匀，易控制，因而可减少局部组织的损伤，如图 5 - 14 所示。

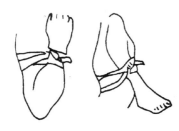
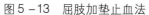
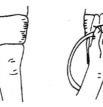

图 5 - 13　屈肢加垫止血法　　　　　图 5 - 14　止血带止血法

在现场紧急救护时，如无专用止血带，可就地取材，用布带或三角巾折成带形，打一个蝴蝶结后，用两根小棒穿在两个圈内，绞紧止血，然后固定小棒，如图 5 - 15 所示。

使用止血带，能有效地止住四肢出血，但用后可能引起或加重肢端细胞坏死、急性肾功能不全等症。因此，只有在使用其他方法无效时，才用此种止血方法。但应注意用止血带的时间越短越好，连续阻断血流不得超过 1 h。如果需要延长，要每隔半小时松解 2 ~ 3 min，当看到创口有新鲜血液渗出时再扎上。上止血带的伤员及部位必须做出显著标志，注明上止血带的时间。

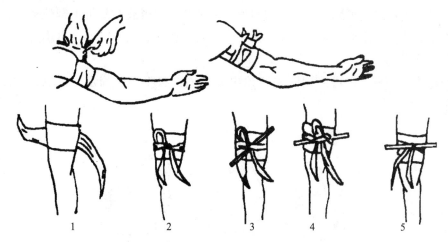

图 5 - 15 布带绞紧止血法

（1～5 为绑扎的过程）

二、骨折急救

骨骼受到外力打击，骨质或骨小梁的连续性发生完或不完全断裂时，称为骨折。

受伤部位畸形、异常活动和骨擦感、骨擦音是骨折的三个专有体征，只要发现其中之一，即可认定为骨折。此外受伤处伴有剧烈疼痛与局部压痛，肿胀及功能障碍等。

骨折急救的关键是临时固定制动。良好的制动，可以减轻伤员痛苦，防止伤情加重，保护伤口，防止感染，并便于搬动转移。

常用的骨折固定材料有木制品、塑料和金属的夹板。如果现场缺少夹板时，可就地取材，应用木板、竹杆、木棒、树枝等物代替。亦可将骨折肢体固定于躯干或健肢上进行临时固定。

进行骨折固定，应该遵循先止血、后包扎、再固定的原则。夹板不可直接接触皮肤，骨折突出部位要加垫。骨折固定应固定骨折的上、下两个关节，固定力求稳妥、牢固、松紧适宜。露在外面的骨端在现场不可将其退回伤口内，更不可故意摇动患肢。

下面介绍几种常见骨折部位的简易固定方法。

1. 前臂骨折固定法

当现场有夹板时，可将一块长度超过肘、腕关节的夹板放置在骨折前臂的外侧，在骨折突出部位加好垫，然后固定腕、肘两个关节，用三角巾将前臂屈曲悬吊在胸前，再用另一三角巾将伤肢固定于胸廓。

若现场没有夹板，可先用三角巾把伤肢悬挂在胸前，然后再用另一块三角巾将伤肢固定于胸廓，如图 5 - 16 所示。

图 5 - 16 前臂骨折固定法

2. 上臂骨折固定法

当现场有夹板时，可用一块长度超过肘、肩关节的夹板放在骨折上臂外侧，骨折突出部位要加垫，然后固定肘、肩两关节，用三角巾将上臂屈曲悬挂胸前，再用另一三角巾将伤肢固定于伤员胸廓。

若现场没有夹板，仍可采用两块三角巾如上述方法将伤肢固定于胸廓，如图 5－17 所示。

图 5－17　上臂骨折固定法

3. 锁骨骨折固定法

当发现锁骨发生骨折时，若现场有夹板，可找一个丁字形的夹板放置在伤员背后肩脚上，骨折处垫上棉垫，然后用三角巾绕肩两周绑在板上，夹板端用三角巾固定好，如图 5－18（a）所示。

若现场无合适的夹板，可让伤员挺胸，双肩向后，两侧腋下放置棉垫，用两块三角巾分别绕肩两周打结，然后将三角巾结在一起，前臂屈曲用三角巾固定于胸前，如图 5－18（b）所示。

（a）　　　　　　　前　　（b）　　　后

图 5－18　锁骨骨折固定法
（a）丁字夹板固定法；（b）三角巾固定法

4. 小腿骨折固定法

当现场有夹板时，可将一块长度上至腰部，下至足跟的夹板放在小腿外侧，骨折突出部位要加垫，然后分别在骨折上、下端，踝关节、膝关节和腰部绑紧夹板固定，如图 5－19（a）所示。

若现场无夹板，可采用健肢固定法。即以正常健肢体杈作夹板，连同伤肢一起用绷带或三角巾分段固定，双足用"8"字形绷带扎牢，膝及踝之间应垫以棉花或毛巾，并要防止关节屈曲，如图 5－19（b）所示。

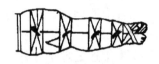

（a）　　　　　　　　　　　　（b）

图 5 – 19　小腿骨折固定法

（a）用夹板固定；（b）健肢固定法

5. 大腿骨折固定法

当现场有夹板时，可将一块长度上至腋下，下至足跟的夹板，放在大腿外侧，骨折突出部位加好软垫，然后用 6 块三角巾或绷带、布条等分别在踝关节、膝关节下，骨折上、下端，腰部、胸部绑紧夹板，如图 5 – 20（a）所示。

如果现场没有夹板，也可利用对侧健肢进行固定，如图 5 – 20（b）所示。

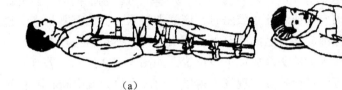

（a）　　　　　　　　　　　　　（b）

图 5 – 20　大腿骨折固定法

（a）用夹板固定；（b）健肢固定法

6. 骨盆骨折固定法

骨盆骨折应由 3 ～ 4 人平托伤员的头、胸、骨盆和腿，一致用力移至木板或担架上。也可使伤员平滚至木板上，然后将伤员与板固定转送，如图 5 – 21 所示。

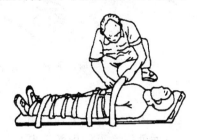

图 5 – 21　骨盆骨折固定法

切记移动伤员时各部位受力要均衡，严禁抱式搬运。

三、其他急救

1. 中暑急救

长时间在日照或高温条件下工作的人员，由于人体蒸发散热困难，导致全身乏力、头晕、胸闷、恶心、呕吐、体温升高等现象，称之为中暑。

一旦发现有中暑者，应将患者迅速撤离高温环境，移到附近阴凉通风处，然后解开其衣扣，让其卧平休息，同时用冷开水、冰水浸湿毛巾放在中暑者额部，并饮淡盐水，使其快速降低体温。对伴有肌肉抽搐者，要适当用力按摩痉挛部位。

若患者高热41℃以上，处于昏迷状态中，进行急速降温是现场急救和进行后续治疗的关键。此时，除参考上述处理措施外，可用冷水浸湿被单，直接包裹身体，并及时替换。利用电扇吹风通气、降温。若患者体温持续高温不降，则可用冰袋置于头部及腋窝下，注意不能直接置于皮肤上，以免冻伤。必要时可用冰水灌肠。

2. 溺水急救

溺水者往往由于吸入水份，阻碍呼吸，造成机体缺氧，从而导致中枢神经功能失调，发生意识障碍而淹溺死亡。所以，溺水急救首先要设法将溺水者救上岸，而后进行控水和心肺复苏。

当溺水者是在近岸淹溺，且尚有挣扎时，救护者应迅速将棍棒、竹竿、绳子、木制品、救生圈等能够漂浮的器材抛入水中，采用拖、拉的方法帮助溺水者上岸。若是受过水中救护训练，并有一定能力者，可进入水中接近溺水者进行急救。

当溺水者被送上岸后，应迅速清除口、鼻内的污泥、杂草和分泌物。同时，解开溺水者的衣扣、腰带，如溺水者口内有水或者肚子鼓胀时，应立即控水，方法是救护者一腿跪地，另一腿屈曲，将溺水者的腹部放在自己的膝盖上，使头下垂，然后再按压其背部。也可利用地面上的自然斜坡，将溺水者的头部放在下坡位置，如图5-22所示。若呼吸、心跳已停止，应立即采用心肺复苏法进行抢救。现场不得以任何理由放弃或中断心肺复苏。

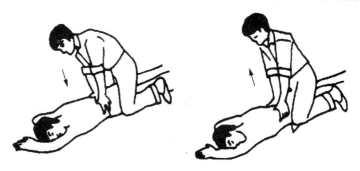

图5-22 俯卧压背法

3. 动物咬伤急救

进行野外作业，由于环境复杂、陌生，极易遭到动物的咬伤。如果急救不当，往往产生严重的后果，甚至危及生命。下面就以常见的毒蛇、犬咬伤为例简述其急救的方法。

1）毒蛇咬伤急救

蛇按有无毒性可分为有毒蛇和无毒蛇两大类。一般毒蛇的头部呈三角形，颈部较细，上颌有两颗比其他牙齿粗而长的毒牙。咬后留下两排牙痕，顶端有两个特别粗而深的牙痕。

毒蛇对人体的伤害较严重。由于蛇的种类较多，有些毒蛇的头并非是三角形，因此被蛇咬伤之后，暂按毒蛇咬伤处理为宜。被毒蛇咬伤之后，关键是尽可能阻止蛇毒向体内扩散，此时切忌慌张乱跑，以免加速毒液向心脏和体内扩散，加速体内对毒素的吸收。急救分两步进行：

（1）早期绑扎。毒蛇咬伤后，应立即就地取材，用草绳、手帕、布带、胶管等在伤口上部关节处（近心端）扎紧。例如手指咬伤，应包扎在指根处；前臂咬伤，应包扎在肘关节上方；小腿咬伤，则应包扎在膝关节上方。绑扎时要稍紧些，以能阻断淋巴液和静脉血回流，而不妨碍动脉血的供应为宜。

（2）清洗。绑扎后，先用清水冲洗伤口内的蛇毒和污物，最好先用肥皂水清洗伤口周围，再用盐水、双氧水或1:5 000高锰酸钾溶液冲洗伤口。经冲洗后，可用刀片在火焰上烧红消毒后，在咬痕处进行"十"字切开，或将咬痕周围0.5 cm的皮肤、皮下组织切除，再用水边冲洗边挤压伤口。若毒液流出不畅，可用吸奶器或拔火罐来吸毒。

被蛇咬伤后，最好将蛇当场打死或准确判定蛇的名称，以利医生对症治疗。

2）犬咬伤急救

被带有狂犬病毒的狗（猫、狐、狼等）咬伤之后，往往会诱发狂犬病。该病死亡率较高，轻者亦会留有神经性的后遗症。所以，当被犬咬伤后，也应从速治疗。

现场急救是用大量清水冲洗伤口，冲洗时间不得少于20分钟。而且要边冲洗，边自上而下地挤压，将残留在伤口的唾液挤出。

被犬咬伤后，最好用20%肥皂水、大量清水或1:1 000新洁尔灭、50%～70%酒精等液体冲洗。同时挤压伤口出血，以利排毒。再用碘酒涂抹伤口后，速送医院治疗。

4. 气体中毒急救

呼吸有毒、有害的气体后会造成人体中毒。

急救时，救护人员应配戴防毒面具方可进入现场。将中毒者迅速搬移到安全通风地带，脱去污染或燃烧的衣物，观察伤情。

此时应保持患者气道通畅，有条件时采用呼吸辅助用具给氧。对呼吸心跳停止者，应按心肺复苏法进行抢救，并及时联系医院救治。

要迅速查明有害气体的名称，以供医院及早对症治疗。

5. 电烧伤急救

电流通过人体所引起的损伤称为电损伤。局部性的电损伤称为电烧伤。电烧伤最常见于电工（特别是线路工）和建筑工。电烧伤分为电接触烧伤、电弧或电火花烧伤及雷电烧伤。

电烧伤的烧伤面积不大，但可深达肌肉、血管、神经和骨骼，有进口和多处出口，进口处创面大而深，出口处创面较小，有"口小底大，面浅内深"的特点。另外，电烧伤的致残率很高，平均截肢率为30%左右。

一旦发生电烧伤，应迅速使伤员脱离电源，保护好电烧伤创面，避免污染。同时观察病情，决定是否采用心肺复苏急救或是骨折急救。

在进行了简单的表面创面处理后，最好送专业的电烧伤医院进行专业诊治。

6. 化学烧伤急救

具有腐蚀性的化学物质接触人体皮肤等部位后，常常会造成化学烧伤。

一旦发生化学烧伤，必须迅速排除化学物质的有害作用。首先立即脱去污染衣服，用大量流动水冲洗创面，越早越好，宜用冷水，禁忌用热水冲洗。冲洗要求持续20～30分钟。如果是遇水生热的化合物，如生石灰、四氯化钠等，必须先把干石灰和四氯化钠粉末拭去，再用水彻底冲洗。对于可能引起呼吸系统中毒的化学烧伤，应在进行创面处理的同时应用解毒药物。对某些毒物，如黄磷、无机氧化物等，自创面吸收后，可以致死，应争取时间果断地切除受损皮肤，以切断毒物来源。

项 目 六 ...

电力生产典型事故及防护

项目描述

某县局桥下供电所安排对因台风受损较严重的 10 kV 梅岙 641 线埠头支线 1#~6#杆进行横担及导线的更换及消缺工作。由于埠头支线 5#~6#杆线下有一运行中的农排线路，因此在进行换线导线牵引过程中，将该农排线路的边线火线绝缘层磨破（该边线为塑料铝芯线），接触后引起换线导线带电，造成正在牵引导线的三名民工触电，造成重大人身死亡事故。

知识准备

通过对发生电力作业事故原因的分析和防范措施的制定，牢固树立安全责任心，强化遵守安全工作规程的能动性，通过对典型习惯性违章案例的处理强化安全工作意识。

学习目标：

（1）能够界定安全事故类别。

（2）能根据发生的某电力作业人身伤亡事故，对事故原因进行分析，提出防范措施。

（3）能根据某电力设备安全事故，对事故原因进行分析，提出防范措施。

知识链接

任务一　常见人身伤害事故的防范措施

一、防止人身触电事故

防触电事故的目标很明确，就是采取安全措施防止误触带电设备，或者防止停电设备突然来电等情况造成人身伤亡。从业人员必须对相关设备的情况完全掌握，对相关安全措施了解透彻，并把安全规程要求执行到位，这样才能安全、安心地工作。

（1）对发电厂、变电站电气设备进行部分停电检修或新设备安装时，工作许可人应根据工作票的要求在工作地点或带电设备四周设置遮栏（围栏），将停电设备与带电设备隔开。围栏上每侧应至少悬挂一个面向工作人员的"止步，高压危险！"标示牌，防止检修、试验、施工人员走错工作地点，误入带电区间，误登带电设备，发生人身触电。

（2）无论高压设备是否带电，工作人员不得单独移开或越过遮栏（围栏）进行工作；若有必要移开遮栏（围栏）时，应有监护人在场，并满足设备不停电时的安全距离。

（3）运行中的高压设备其中性点接地系统的中性点应视为带电体，不得触摸。雷雨天气需要巡视室外高压设备时，应穿绝缘靴，并不得靠近避雷器和避雷针。

（4）有雷电时，禁止进行就地倒闸操作。

（5）变电作业时，高压验电应戴绝缘手套。验电器的伸缩式绝缘棒长度应拉足；验电时手应握在手柄处不得超过护环；人体应与验电设备保持安全距离；雨雪天气不得进行室外直接验电。

（6）在室内高压设备上工作，应在工作地点两旁和对面运行设备间隔的遮栏（围栏）上和禁止通行的过道、遮栏（围栏）上悬挂"止步，高压危险！"的标示牌。

（7）高压开关柜内手车开关拉出后，隔离带电部位的挡板必须可靠封住，禁止开启，并设置"止步，高压危险！"的标示牌。

（8）在办理工作许可手续之前，任何车辆及工作班组成员都不得进入遮栏内或触及设备。

（9）在办理工作票许可手续后，工作负责人（监护人）应在设备区外向工作班组成员宣讲工作票内容，使每个工作班组成员都知道工作任务、工作地点、工作时间、停电范围、邻近带电部位、现场安全措施等注意事项（必要时可以绘图讲解），并进行危险点告知，履行确认手续后方可开始工作。迟到人员开始工作前，工作负责人应向其详细交代以上各项内容。

（10）工作中，工作负责人必须始终在现场认真履行监护职责。当工作地点分散或工作环境比较危险时，工作负责人应增设专责监护人并确定被监护人员，及时制止违章作业行为。

（11）在电气设备上进行检修，工作班组成员在攀登设备构架前，首先应认真核对设备名称、编号、位置，检查现场安全措施无误后方可开始。因故离开工作现场再次返回工作地点时，必须重新核对设备名称、编号、位置，确认无误后方准继续工作，防止误入带电区间。

（12）当工作现场布置的安全措施妨碍检修（试验）工作时，工作班组成员必须向工作负责人说明情况，由工作负责人征得工作许可人同意后，方可变动安全设施，变动情况应及时记录在值班日志内。

（13）工作班组成员在完成工作票所列的工作任务撤离工作现场后，如又发现问题需要处理时，必须向工作负责人汇报，禁止擅自处理。若尚未办理工作终结手续，则由工作负责人向工作许可人说明情况后，在工作负责人带领下进行处理。如已办理工作终结手续，则必须重新办理工作许可手续后方可进行。

（14）因平行或邻近带电设备导致检修设备可能产生感应电压时，应加装接地线或使工作人员使用个人保安接地线。

（15）装、拆接地线顺序要正确，且均应使用绝缘棒。人体不得碰触接地线或未接地的导线，以防止感应电触电。检修人员带地线拆设备接头时，必须采取防止地线脱落的可靠措施，防止地线脱落感应电伤人。

（16）在变、配电站（开关站）的带电区域内或邻近带电线路处，禁止使用金属梯子。搬动梯子、管子等长物时，应放倒，由两人搬运，并与带电部分保持足够的安全距离。

（17）在电气设备上进行高压试验，应在试验现场装设遮栏，向外悬挂"止步，高压危险！"标示牌，并派人看守，非试验人员不得靠近。加压过程中应集中精力，不得触及试验的高压引线。试验时，也不得进行其他检修、维护等工作。当被试设备两端不在同一地点时，两端都要派人看守。试验结束后，要及时断开试验电源，将试验设备及被试设备正确放电。

（18）由于高压试验而拆开的一次设备引线，必须用结实的绳子绑牢，防止引线摇晃触及邻近带电设备或被试设备而造成触电。

（19）试验人员在变电站（开关站）放、收试验线（电源线）时，应特别小心，防止试验线弹到或接近带电设备，发生人身触电。

（20）室内母线分段部分、母线交叉部分及部分停电检修易误碰带电设备的地点，应设有带明显标志的永久性隔离挡板（护网）。

（21）进行变电站高压配电室（厂用变电室）内停电清扫母线工作时，应先将备用电源、联络线电源、多回路电源等对侧带电的或所有可能带电的间隔停电。如特殊情况不能停电，则必须将对侧带电的间隔上锁并悬挂"止步，高压危险！"标示牌。

（22）在带电设备附近测量绝缘电阻时，测量人员和摇表安放位置应选择适当，保持安全距离，以免摇表引线或引线支持物触碰带电部分。移动引线时，应注意监护。

（23）严禁在带电设备周围使用钢卷尺、皮卷尺和线尺（夹有金属丝）进行测量工作，防止工作人员触电。

（24）单人操作时不得进行登高或登杆操作。

（25）严禁变电运行人员不认真执行操作监护制度，误入带电间隔；严禁变电检修（试验）人员不执行工作票制度擅自扩大工作范围，防止误入带电间隔（误登带电构架）。

（26）变电运行人员在电气设备停电后（包括事故停电），在未拉开有关隔离开关（刀闸）和做好安全措施前，不得触及设备或进入遮栏，以防突然来电。

（27）变电运行人员在电气设备停电后进行清扫等维护工作时，至少有两人一起工作，必须填写工作票，并确认设备已停电，明确工作范围，做好各项安全措施，与带电设备保持足够的安全距离。

（28）线路检修人员应严格执行"安规"中关于同杆塔架设多回线路以及相互平行或交叉线路中防止误登带电线路的相关措施，并严禁在有同杆架设的 10 kV 及以下线路带电情况下，进行另一回路的登杆停电检修工作。

（29）线路运行人员进行事故巡线时，应始终认为线路带电。即使明知该线路已停电，亦应认为线路随时有恢复送电的可能。严禁登杆塔作业。

（30）在带电杆塔上刷油漆，除鸟窝，除风筝等，紧杆塔螺钉，检查架空地线、金具、瓷瓶等工作时，作业人员活动范围及其所携带的工具、材料等与带电导线最小距离应保证不小于设备不停电时的安全距离。不得通过限制作业人员肢体活动的方式来满足安全距离。

（31）带电作业断、接引线时严禁同时接触未接通的或已断开的导线两个断头，以防人体串入电路。

（32）带电作业断开耦合电容器后，应立即对地放电。

（33）带电作业短接阻波器，被短接前严防等电位作业人员人体短接阻波器。

（34）在 330 kV 及以上电压等级的带电线路杆塔上及变电站构架上作业时，应采取穿静电感应防护服、导电鞋等防静电感应措施（220 kV 线路杆塔上作业时宜穿导电鞋）。防止静电感应造成人身感电。

（35）采用高架绝缘斗臂车进行带电作业时，先检查绝缘臂为合格状态。严禁一个斗内两名作业人员同时接触电源作业，防止作业人员感电。

（36）在处理多条同路敷设的电缆故障时，在锯电缆以前，应与电缆走向图纸核对相符，并使用专用仪器（如感应法）确切证实电缆无电后，用接地的带绝缘柄的铁钎钉入电缆芯后，方可工作。扶绝缘柄的人应戴绝缘手套并站在绝缘垫上，并采取防灼伤措施。

（37）配电设备接地电阻不合格时，应戴绝缘手套方可接触箱体。

（38）在配电变压器台架上进行检修工作，必须先拉开低压侧刀闸，后拉开高压侧隔离刀闸或跌落式熔断器，然后在停电的高压引线、低压引线上验电、接地。操作跌落式熔断器及刀闸时，必须使用经试验合格的绝缘杆并戴绝缘手套，严禁用手直接摘、挂跌落式熔断器的熔管。

（39）配网低压网改造工程竣工后，必须认真检查旧线路是否已经拆离，防止新旧线路混接造成人身触电伤亡事故。

（40）具有双电源的用户必须装设双投开关、双投刀闸或采用可靠的技术手段，落实防止双电源用户反送电的措施。防止用户乱接线或使用没有双投刀闸闭锁上网的小型自备发电机从低压侧反送电，所有低压用户均应视为可能反送电的电源。

（41）防止低压触电，要求电气设备安全接地；在容易触电的场合使用安全电压；必须使用低压剩余电流动作保护装置。

（42）现场使用的电源线应按规定规范连接，绝缘导线不能破损，电源刀闸盖要齐全。检修（试验）电源板应安装漏电保安器，并按要求定期检查试验，确认保护动作正确。

（43）严禁用导线直接插入插座取得电源，插座与插头应配套、完好无损。

（44）生产现场各种用电设备和电动工具、机械，特别是检修现场临时使用的砂轮机、电钻、电风扇等，其电机或金属外壳、金属底座必须可靠接地或接零。

（45）在金属容器内进行焊接工作时，使用的行灯电压不准超过 12 V。行灯变压器的外壳应可靠接地，不准使用自耦变压器。

（46）电焊机应可靠接地，高、低压侧接线柱必须设护罩，以防工作中误触碰。不停电更换焊条，必须戴焊工手套进行。

（47）在潮湿等恶劣环境下进行电焊工作时，必须站在干燥的木板上或穿橡胶绝缘鞋。

（48）在高压线附近进行勘测、施工作业时，使用的测量、钻探和施工工具、设备应与高压线保持足够的安全距离。在高压线下测量时，不应使用金属标尺。必须做好监护，防止测量、钻探工具与高压线安全距离不足，发生电击伤人事故。

（49）油漆工、土建工等非电气人员或外单位人员要进入生产现场时，必须经过安全教育培训和安全技术交底，并按规定办理进站施工手续和工作票。工作前，工作负责人应向工作班全体人员清楚地交代现场安全措施、带电部位和其他安全注意事项。工作中，设备管理部门应指派专人进行监护。专责监护人因故暂时离开作业现场时，应通知工作负责人暂停工作，工作人员必须撤离现场，不能以赶进度为理由擅自继续工作。

二、防止高处坠落事故

防止高处坠落事故的字面意思很容易理解，但是在相关作业中，离地不高的作业，或者周边有相对距离较低的平台的作业，往往容易让人放松警惕。由于有相对距离不高的平台、平面，就有了可以依附的心理，这往往是事故的诱因。某单位员工，从仅有 2 m 高的梯子上跌落，造成骨盆碎裂，虽无生命危险，但是多次的骨盆修复手术，让其痛不欲生，而且恢复不理想的话，还有可能导致生活不能自理。所以，预防高处坠落事故要从简单的登高作业开始。防止高空坠落事故，从业人员需要根据岗位实际，注意和掌握以下内容：

（1）经医生诊断，患有高血压、心脏病、贫血病、癫痫病、糖尿病以及患有其他不宜从事高处作业和登高架设作业病症的人员，不允许参加高处作业。

（2）发现现场工作人员有饮酒、精神不振、精力不集中等症状时，禁止登高作业。

（3）高处作业应使用安全带（绳），安全带（绳）使用前应进行检查，并定期进行试验。高处作业人员应衣着灵便，宜穿软底鞋。

（4）能在地面进行的工作，不在高处作业；高处作业中能在地面上预先做好的工作，必须在地面上进行，尽量减少高处作业量和缩短高处作业时间。

（5）安全带（绳）应挂在牢固的构件上或专为挂安全带用的钢丝绳上，安全带不得低挂高用，禁止系挂在移动或不牢固的物件上。

（6）凡坠落高度在 2 m 以上的工作平台、人行通道（部位），在坠落面侧应设置固定式防护栏杆。

（7）在没有脚手架或者在没有栏杆的脚手架上工作，或坠落相对高度超过 1.5 m 时，必须使用安全带，或采取其他可靠的安全防护措施。

（8）在未做好安全措施的情况下，不准登在不坚固的结构上（如彩钢板屋顶）进行工作。

（9）楼梯、钢梯、平台均应采取防滑措施。直钢梯高度超过 3 m 时，应装设护笼，以防上、下梯子时坠落。

（10）砍剪树木时，不应攀抓脆弱和枯死的树枝，应使用安全带。安全带不得系在待砍剪树枝的断口附近或以上。不得攀登已经锯过或砍过的未断树木。

（11）使用绝缘斗臂车作业，必须先确认绝缘臂为合格状态，在绝缘斗中的作业人员应正确使用安全带和绝缘工具。不得用汽车吊悬挂吊篮上人作业，不得用斗臂起吊重物，在斗臂上工作应使用安全带。

（12）上杆塔作业前，应先检查根部、基础和拉线是否牢固。新立电杆在杆基未完全牢固或做好临时拉线前，严禁攀登。遇有冲刷、起土、上拔或导地线、拉线松动的电杆，应先培土加固，搭好临时拉线或支好杆架后，再进行登杆。

（13）登杆塔前，应先检查登高工具、设施，如脚扣、升降板、安全带、梯子和脚钉、爬梯、防坠装置等是否完整牢靠。禁止携带器材登杆或在杆塔上移位。严禁利用绳索、拉线上下杆塔或顺杆下滑。

（14）上横担进行工作前，应检查横担连接是否牢固和及其腐蚀情况，检查时，安全带（绳）应系在主杆或牢固的构件上。

（15）在杆塔高空作业时，应使用有后备绳的双保险安全带，安全带和保护绳应分挂在杆塔不同部位的牢固构件上，应防止安全带从杆顶脱出或被锋利物损坏。人员在转位时，手扶的构件应牢固，且不得失去后备保护绳的保护。220 kV 及以上线路杆塔宜设置高空作业人员上下杆塔的防坠安全保护装置。

（16）钢管杆横担处应设有检修人员转位时手扶用的牢固的手扶构件。

（17）生产厂房装设的电梯，使用前应经国家有关部门检验合格，取得准用证，并定期检验。电梯应有专责人员负责维护管理。严格执行安全使用规定和定期检验、维护、保养制度。电梯的安全闭锁装置、自动装置、机械部分、信号照明等设备有缺陷时必须停止使用，并采取必要的安全措施，防止高空摔跌等伤亡事故。

三、防止机械伤害事故

在作业现场，要时刻准备与事故做斗争。对于运转中的设备，搬运物品的场所等，从业人员都要掌握其危险点，并做好防范。同时，还要能够读懂各种安全提示标志的含义，及时发现异常和隐患，并对危险点做到有效预防。

（1）机械设备安全防护距离，防护罩、防护屏和设备本体安全对人身安全极其重要，应符合有关标准的规定。

（2）转动机械和传动装置的外露部分应装设可靠的防护罩、盖或栏杆方可使用。严禁戴手套或手上缠布在裸露的球轮、齿轮、链条、钢绳、皮带、轴头等转动部位进行清扫或其他工作。工作人员应特别小心，不使衣服及擦拭材料被机器挂住，扣紧袖口，发辫应放在帽内。

（3）在操作转动机械设备时，严禁用手扶持加工件或戴手套操作。

（4）机械设备工作时，禁止进行润滑、清洁（清扫）、拆卸、修理等工作。转动和传动机械等设备检修时必须切断电源，并采取防止转动、移动的可靠措施。检修后进行开停试运行前，应将防护设施装设好，方可进行。

（5）搬拆大型机具时要拆开搬运。装车、卸车及转移时，不准人货混装。

（6）机械上的各种安全防护装置及监测指示、报警、保险、信号装置应完好齐全，有缺损时应及时修复。安全防护装置不完整或已失效的机械不得使用。

（7）敷设电缆时，应由专人统一指挥，电缆移动时，严禁用手搬动滑轮，以防压伤。

（8）严禁随意跨越输煤机、卷扬机等设备的钢绳、皮带或在皮带上站立。

（9）严禁在运行中将转动的设备防护罩或遮栏打开，或将手伸进遮栏内。电动机的引出线和电缆头以及外露的转动部分均应装设牢固的遮栏或护罩。

（10）严格执行设备运行规程，防止机械设备超载运行发生事故伤人。

（11）立、撤杆塔过程中，吊件垂直下方、受力钢丝绳的内角侧严禁有人。

（12）放线、撤线和紧线工作时，人员不得站在或跨在已受力的牵引绳、导线的内角侧和展放的导、地线圈内以及牵引绳或架空线的垂直下方，防止意外跑线时抽伤。

（13）进行石坑、冻土坑打眼或打桩时，应检查锤把、锤头及钢钎。扶钎人应站在打锤人侧面。打锤人不得戴手套。作业人员应戴安全帽。

（14）立杆及修整杆坑时，应有防止杆身倾斜、滚动的措施，如采用拉绳和叉杆控制等。

四、防止物体打击事故

预防物体打击事故要眼观六路，耳听八方。只有安全防范技术成熟，才能做到防范有术。新从业者要认真积累经验，实践安全措施，争取在作业场地当名安全防范能者，既保护自身，也能保护他人。

（1）任何人进入生产现场（办公室、控制室、值班室和检修班组室除外），应戴合格的安全帽，并要扎紧系好下颌带。企业应制定职工安全帽佩戴的具体要求和管理规定。

（2）在高处作业现场，工作人员不得站在作业处的垂直下方，高空落物区不得有无关人员通行或逗留。在人行道口或人口密集区从事高处作业，工作点下方应设围栏或其他保护措施。

（3）在起吊、牵引过程中，受力钢丝绳的周围、下方、内角侧和起吊物的下面，严禁有人逗留和通过。吊运重物不得从人头顶通过，吊臂下严禁站人。不准用手拉或跨越钢丝绳。

（4）在高处上、下层同时作业时，中间应搭设严密牢固的防护隔离设施，以防落物伤人。工作人员必须戴安全帽。

（5）钻床、金属切削机床等加工件的固定夹具应完好，防夹具脱落装置应可靠。加工时，夹具应将工件夹紧，防止工件飞脱伤人。

（6）砂轮机禁止安装在正对着附近设备及操作人员或经常有人过往的地方。砂轮机必须定期检查匹配、防护、接地等。砂轮必须装有用钢板制成的防护罩，其强度应保证当砂轮碎裂时挡住碎块。

（7）使用砂轮机磨削工件时，应戴防护眼镜或装设防护玻璃。操作者应站在砂轮的侧面，以免故障时砂轮飞出或破碎伤人。

（8）生产现场使用的手提式高速砂轮机，应由有经验的工作人员操作。使用前应先检查磨具是否匹配，禁止将低转速的砂轮片用于高速砂轮机上。禁止自制夹具套用其他砂轮片或磨具，防止砂轮片破碎伤人。

（9）卸水泥杆时，除打好掩木防止车身倾斜、杆子滚动伤人以外，还应加拦绳固定好，防止散堆。不得将数根水泥杆同时滚向卸杆的车厢侧，应松一根放一杆。

（10）在卸杆时应利用跳板或圆木组成斜道，向下滚动时应用大绳溜放，缓缓滚下，严禁在溜放的杆子前方站人。

（11）用绳子牵引水泥杆上山，必须将水泥杆绑牢，钢丝绳不得触磨地面，爬山路线两侧 5 m 以内，不得有人停留或通过。

（12）线路施工紧线时，应检查接线管或接线头以及过滑轮、横担、树枝、房屋等处有无卡住现象。如遇导线、地线有卡、挂住现象，应松线后处理。处理时操作人员应站在卡线处外侧，采用工具、大绳等撬、拉导线。严禁用手直接拉、推导线。

（13）线路拆旧施工时，断线杆塔要先安装可靠的拉线，做好防止倒杆塔措施。工作人员不得站在导线的下方和内角侧，防止断线时意外跑线伤人。

（14）立、撤杆塔过程中基坑内严禁有人工作。除指挥人员及指定人员外，其他人员应在离开杆塔高度的 1.2 倍距离以外。

（15）在从事压力容器作业时（如开关液压机构，氧气瓶、氮气瓶、乙炔瓶等压力容器），应严格执行操作规程，以防喷出物或容器损坏伤人。

五、防止噪声、中毒事故

1. 防噪声污染

（1）噪声污染会对人身造成伤害，按照工业卫生的要求，工作场所、生产场所和设备本身的噪声水平必须符合有关规定。

（2）采取个人防护措施，包括在耳道塞防声棉、防声耳塞或佩戴耳罩、头盔等防声工具。

2. 防 SF_6 气体中毒

（1）进入 SF_6 配电装置低位区或电缆沟进行工作应先检测含氧量（不低于 18%）和 SF_6 气体含量是否合格。

（2）在 SF_6 配电装置室低位区应安装能报警的氧测量仪和 SF_6 气体泄漏报警仪，在工作人员入口处也要装设显示器。这些仪器应定期试验，保证完好。

（3）工作人员进入 SF_6 配电装置室，入口处若无 SF_6 气体含量显示器，应先通风 15 分钟，并用检测仪测量 SF_6 气体含量是否合格。尽量避免一人进入 SF_6 配电装置室进行巡视，不准一人进入 SF_6 配电装置室从事检修工作。

（4）设备解体检修前，应对 SF_6 气体进行检验。根据有毒气体的含量，采取安全防护措施。检修人员需穿着防护服并根据需要佩戴防毒面具。打开设备封盖后，现场所有人员应暂离现场 30 分钟。取出吸附剂和清除粉尘时，检修人员应戴防毒面具和防护手套。

（5）配电装置发生大量有毒气体泄漏等紧急事故时，人员应迅速撤出现场，开启所有排风机进行排风。未佩戴隔离式防毒面具的人员禁止入内。只有经过充分的自然排风或恢复排风后，人员才准进入。发生设备防爆膜破裂事故时，应停电处理，并用汽油或丙酮擦拭干净。

（6）进行气体采样和处理一般渗漏时，要戴防毒面具并进行通风。

（7）进行 SF_6 开关操作时，禁止检修人员在其外壳上进行工作。

（8）检修结束后，检修人员应洗澡，把用过的工器具、防护用具清洗干净。

3. 防其他有毒、有害物质

（1）在下水道、煤气管线、潮湿地、垃圾堆或有腐质物等附近挖坑施工时，应设监护人，在深超过 2 m 的坑内工作时，应采取戴防毒面具、带救生绳、向坑中送风等安全措施。监护人应密切注意坑内工作人员，防止煤气、沼气等有毒气体中毒。

（2）电缆隧道应有充足的照明，并有防火、防水、通风的措施。在电缆井内工作时，禁止只打开一只井盖（单眼井除外）。进入电缆井、电缆隧道前，应先用吹风机排除浊气，再用气体检测仪检查井内或隧道内的易燃易爆及有毒气体的含量是否超标，并做好记录。电缆沟的盖板开启后，应自然通风一段时间后方可下井工作。在电缆井、隧道内工作时，通风设备应保持常开，以保证空气流通。在电缆隧道内进行长距离巡视时，工作人员应携带便携式有害气体测试仪及自救呼吸器。

（3）对在工作中接触有毒、有害、危险物品或从事危险性作业的工作人员，其人身安全专用防护用品，要根据实际情况及时配备。

任务二　典型事故案例安全教育

一、带负荷拉刀闸的恶性误操作事故

带负荷拉刀闸是和带电挂地线并列的恶性操作事故，不但严重威胁电网安全，同时对人身安全也造成了极大的威胁。带负荷拉刀闸等类型的违章行为不是由于技能水平不够而造成的，而是安全意识不到位和责任心不强的体现。

2004 年 8 月 23 日 8 时 39 分，某电业局运行工区联合运行一班当值人员在 110 kV 某变电所执行电容器组停役检修操作过程中，由于安全思想淡漠、工作责任心极差，发生了一起带负荷拉刀闸的恶性误操作事故。期间#1 主变低压后备保护正确动作，跳开#1 主变 10 kV 开关切除故障，导致 10 kV I 段母线失电，共损失电量 12000 kW·h。

1. 事故经过

运行工区联合运行一班当值值班员徐某和闻某，根据××变#1 电容器 A 相电抗器接头发热处理检修计划，拟在 23 日将变#1 电容器改为检修状态。当值人员携带预令操作票于 8 时 15 分到达变电所，并做好接令、操作准备工作。8 时 24 分区调下令：××变#1 电容器由热备用改为电容器检修。

操作人接到监护人发给的操作令后，将操作票内容输入计算机防误装置，随即开始操作。8 时 39 分，当操作到第三步"拉开变#1 电容器闸刀"时，因开关实际处于运行状态，带负荷拉刀闸的误操作事故发生了。此后，#1 主变低压后备保护正确动作，跳开#1 主变 10 kV 开关切除故障，使 10 kV I 段母线失电。

9 时 24 分区调开始调整运行方式，将 10 kV I 段母线改为检修状态。12 时 21 分全部操作完毕，其后许可检修人员进行检修。19 时 50 分 10 kV I 段母线恢复供电。经检查，事故造成变#1 电容器闸刀弧光烧伤、10 kV 母分#1 闸刀弧光烧伤，闸刀支持瓷瓶碎裂。

2. 原因分析

（1）监护人徐某、操作人闻某安全思想淡漠、工作责任心极差，在将操作票内容输入计算机防误装置过程中，未对装置中变#1 电容器的运行状态与后台监控机的设备状态进行认真核对。在以后的操作中，对"核对设备状态"和"检查变#1 电容器开关确已断开"两操作步骤极其不负责任，始终想当然地以为设备的热备用状态是其操作的起始点，对"核对、检查"敷衍了事，对设备的状态视而不见，违章作业，是导致本次误操作的直接原因。

（2）监护人徐某、操作人闻某倒闸操作流程执行不力，对操作中的"三核对"走过场，在操作过程中，严重违反规程规定，是本次误操作的主要原因。

（3）当值班长工作不到位，未能履行自身工作职责。对操作任务执行交代不清，必要的安全注意事项未加关注，是本次误操作的次要原因。

（4）在运行工区现有的内部运作体制下，监控人员对操作任务知之甚少，操作人员与监控人员缺乏沟通联系，监控和操作人员在操作中相互脱节，与本起事故的发生有一定关系，是本起事故的间接原因之一。

（5）变电所采用的防误装置是计算机"五防"。由于操作人员在操作预演时没有核对开关实际状态，而计算机防误操作预演闭锁也存在不足，使防误装置失去了应有的作用，与对本起事故的发生也有一定关系，是本起事故的间接原因之一。

3. 事故预防措施

（1）学会分析事故后果，能够联想事故后果，绝不违章造成严重事故后果。

（2）保持高度的安全防范意识，牢固树立"安全第一"的观念。

（3）严格执行安全工作程序，工作未得到监护人确认，则不进行下一步操作。

二、因安全措施不到位而引发的触电高空坠落人身死亡事故

2007年2月7日，某供电公司送电工区带电班在等电位带电作业处理330 kV 3033××二回线路缺陷过程中，发生触电高空坠落死亡事故，造成1人死亡。

1. 事故经过

2007年2月7日，某供电公司送电工区安排带电班带电处理330 kV 3033××二回线路#180塔中相小号侧导线防震锤掉落缺陷（该缺陷于2月6日发现）。办理了电力线路带电作业工作票（编号2007-02-01），工作票签发人王某，工作班人员有李某（死者，工作负责人，男，28岁，工龄9年，带电班副班长）、专责监护人刘某等共6人，工作地点在××地，距××公路约5公里，作业方法为等电位作业。14时38分，工作负责人向××地调调度员提出工作申请，14时42分，××地调调度员向省调调度员申请并得到同意。14时44分，地调调度员通知带电班可以开工。16时10分左右，工作人员乘车到达作业现场，工作负责人李某现场宣读工作票及危险点预控分析，并进行了现场分工，然后攀登软梯作业，王某登塔悬挂绝缘绳和绝缘软梯，刘某为专责监护人，地面帮扶软梯人员为王某、刘某，剩余1名配合人员。绝缘绳及软梯挂好，检查牢固可靠后，工作负责人李某开始攀登软梯，16时40分左右，登到与梯头（铝合金）0.5 m左右时，导线上悬挂梯头通过人体所穿屏蔽服对塔身放电，导致其从距地面26 m左右跌落到铁塔平口处（距地面23 m）后坠落地面（此时工作人员还未系安全带），侧身着地，地面人员观察李某还有微弱脉搏。现场人员立即对其进行现场急救，并拨打电话向当地120和工区领导求救。由于担心120救护车无法找到工作地点，现场人员将李某抬到车上，一边向××公路行驶，一边在车上实施救护。17时12分左右，与120救护车在××公路相遇，由医护人员继续抢救，17时50分左右，救护车行驶至××市第一人民医院门口时，李某心跳停止，医护人员宣布其死亡。

2. 原因分析

本次作业的330 kV××二线铁塔为ZMT1型，由ZM1型改进，中相挂线点到平口的距离由原来的10.32 m压缩到8.1 m；挡窗的K接点距离由9.2 m增加到9.28 m；两边相的距离由17 m压缩到13 m（ZMT1型塔在××铁塔试验场通过真型试验）。但由于此次作业人员忽视改进塔形的尺寸变化，事前未按规定进行组合间隙验算。强电场馆业，绝缘软梯挂点安全距离不能满足《电力安全工作规程》（电力线路部分）等电位作业最小组合间隙及《××省电力系统带电作业现场安全工作规程》的规定（2002年12月制定，经修正海拔后××地区应为3.4 m），此次作业，在该铁塔无作业人时最小间隙距离约为2.5 m，作业人员进入后组合间隙仅余0.6 m，这是导致事故发生的主要原因。

3. 事故预防措施

（1）保持对事故的高度警惕，即使是对安全措施的细小环节也不应放过；

（2）善于从多角度考虑安全问题，始终能够细心、认真地执行防范措施；

（3）严肃执行安全规章制度，在防范事故的工作中，能够结合实际，并做到防护不走样，不落项，不跳项。

三、农网改造中发生的因违章而造成他人触电死亡的事故

从业人员要做到"三不伤害"，即不伤害自己，不伤害他人，不被他人伤害。这既是从业人员的责任、义务，也是一种安全道德。要时刻保护自己，也要时刻为他人的安全着想。下面的事故案例就是由于农电施工人员严重忽视安全，安全责任和道德意识模糊造成的。

1. 事故经过

2002 年 7 月 12 日 18 时 20 分左右，××村村民宋某到田里施化肥时，跌倒在田中新建低压电杆拉线处，同村青年许某见状，即跳入田里去抢救，也跌倒在地。在场的其他人意识到是触电后，即用竹竿把与电杆拉线搭连在一起的带电低压线隔开，将二人送往医院，但经抢救无效死亡。

2. 原因分析

××村因低压线路陈旧超载，难以确保供电，安排由××村供电营业所负责对该村低压线路进行改造。原 380 V 低压架空线线路南北走向，新架设低压线路东西走向，与原线路垂直，施工时，新线路的末端电杆（高 9 m，距原线路东侧 2.7 m）因是终端杆，需要设拉线。新立电杆稍向拉线方向倾斜，拉线跨越原低压线路后，埋设在一水田里，形成交叉。

原计划新线路完工后，再拆除老线路，由于当天施工时间较晚，新线路尚未全面完工，故仍由老线路临时供电。新导线架设后，由于紧线承力原因，新建的低压线路终端拉线与事故地点当天恢复送电的老线路的一相导线碰在一起。而施工人员在工作结束时未对当天工作的现场进行检查，没有发现该拉线与将恢复送电线路碰在一起。18 时 20 分左右，当恢复对该村供电后，导致该拉线及拉线所处水田带电，造成下田的农民宋某及救人的许某触电身亡。

3. 事故预防措施

（1）注意培养良好的安全道德，树立良好的社会责任感。

（2）及时消灭和防范有可能对他人造成伤害的危险点。

（3）认真学习和掌握相关工作程序，严格执行相关安全工作规定。

四、习惯性违章造成的电弧烧灼伤事故

习惯性违章的特点是违章形成了习惯，已经见怪不怪。下面的事故，就是习惯性违章的恶果。

1. 事故经过

2005 年 2 月 23 日 11 点 30 分，某化工厂电位车间维修班维护电工部某，在检修二级中控配电室低压电容柜时，在未断电的情况下，直接用手钳拔插式保险。因操作不当，手

钳与相邻的保险搭接引起短路，形成的电弧将面对电容柜的部某的双手、脸、颈部大面积严重灼伤。幸亏及时送进医院救治，部某才脱离了生命危险。但电气短路烧毁了电容柜上不少电气元件，造成该柜连接系统单体停车长达 3.5 小时，给生产造成了较大损失。

2. 原因分析

部某严重违反《电气安全检修规程》中"不准带电检修作业"的规定，心存侥幸，冒险蛮干，在该电容柜完全可以断电检修的情况下，却带电检修作业，是发生事故的主要原因。在拔插式保险时，本来可以用岗位上配备的专用保险起拔器，可是，他自以为经验十足，懒得去拿，而用手钳直接带电拔保险，从而导致电容柜短路并产生电弧致自己灼伤和系统停车，是发生事故的直接原因。部某在检修前，未编制设备检修方案，未填写检修任务书，未办理设备检修许可证，更没有与岗位操作人员取得联系，趁操作人员中午买饭的时候，想偷偷地把保险换掉，使自己的违章行为无人知晓，这是发生事故的一个重要原因。

3. **事故预防措施**

（1）在作业现场要严格按照相关安全作业规程和有关制度要求执行；

（2）在安全方面，不图方便和省劲，也不投机取巧；

（3）不盲目随从他人一起违章，并能够制止他人违章；

（4）严格安全工作程序，不冒险和盲目作业。

电力安全生产及防护

工　作　页

班级：＿＿＿＿＿＿＿＿＿

姓名：＿＿＿＿＿＿＿＿＿

学号：＿＿＿＿＿＿＿＿＿

组别：＿＿＿＿＿＿＿＿＿

附录1 触电电流计算工作页

一、工作内容与目标

1. 工作内容

（1）查找资料，了解电力安全生产的意义。

（2）计算触电电流。

2. 工作目标

能够正确计算触电电流。

二、工作准备

1. 工作组

每个小组由 4~6 名学生组成，指定组长。

2. 工具、设备准备

计算器、绘图工具、纸、笔。

3. 知识准备

（1）电力安全成产的意义：_____

_____

_____

_____

_____。

（2）影响触电危险程度的因素：_____

_____

_____

_____

_____。

三、工作过程

（1）对于 380/220 V 三相四线制配电系统，相电压 $U_p = 220$ V，系统接地电阻 $R_0 = 4$ Ω，人体电阻 $R_r = 1\ 700$ Ω，试绘制图分析计算发生单相触电和两相触电时流过人体的电流，并以报告形式提出单相触电电流的有效措施。

（2）某 380/220 V 的中性点不接地三项配电系统，供电频率为 50 Hz，各相对地绝缘电阻可看成无限大，各相对地电容均为 0.6 μF，触电者的人体电阻为 2 000 Ω。试绘图计算发生单相触电时流过人体的电流，并以报告形式提出限制触电电流的有效措施。

四、任务评价

任务评价见附表1-1。

附表1-1 触电电流计算任务评价表

姓名		学号		班级	
组别		日期			
评价项目	评价内容	♂	评价标准		分数
资料准备 （15分）	专业资料准备 （15分）		优：能根据任务，熟练查找专业网站和专业书籍，咨询资深专业人士，获取需要的较全面的专业资料 良：能根据任务，查找专业网站或专业书籍，或通过资深专业人士，获取需要的部分专业资料 差：没有查找专业资料或资料极少		
实际操作 （65分）	工具准备 （5分）		优：工具准备完备 良：工具准备不完备 差：缺重要计算工具		
	触电电流计算 （30分）		优：计算方法和计算结果正确 良：计算方法和计算结果存在个别错误 差：计算方法错误，计算结果完全错误		
	限制触电电流的 防范措施报告 （30分）		优：提出的防范措施正确 良：提出的防范措施有一定的效果，但存在安全隐患 差：没有提出防范措施或是提出的防范措施有重大错误		
基本素质 （20分）	团队合作精神 （10分）		优：能进行合理分工，在工作过程中能相互协商，共同完成任务 良：能进行合理分工，在工作过程中相互协商、相互帮助不够，但能共同完成任务 差：分工不合理，个别人极少参加工作任务，相互间不协商和帮助		
	劳动纪律 （10分）		优：能完全遵守现场管理制度和劳动纪律，无违纪行为 良：能遵守现场管理制度，迟到/早退1次 差：违反现场管理制度，或有1次旷课		
总成绩			教师签名		

附录2　接触触电技术措施工作页

一、工作内容与目标

1. 工作内容

（1）叙述防止人身接触触电的技术措施。

（2）安装单相和三相漏电保护器。

2. 工作目标

（1）正确叙述防止人身接触触电的技术措施。

（2）正确安装单相和三相漏电保护器。

二、工作准备

1. 工作组

每个小组由4～6名学生组成，指定组长。工作时，由组长分配，分别指定学生负责安全监督、工作实施、数据记录，其余学生观摩学习；老师负责安全与技术指导，组织学生轮换操作。

2. 工具、设备准备

安全漏电保护器。

3. 知识准备

（1）直接接触触电技术措施：＿＿＿＿＿＿＿＿＿＿＿＿＿＿＿＿＿＿＿

＿＿＿＿＿＿＿＿＿＿＿＿＿＿＿＿＿＿＿＿＿＿＿＿＿＿＿＿＿＿＿＿＿＿＿

＿＿＿＿＿＿＿＿＿＿＿＿＿＿＿＿＿＿＿＿＿＿＿＿＿＿＿＿＿＿＿＿＿＿＿

＿＿＿＿＿＿＿＿＿＿＿＿＿＿＿＿＿＿＿＿＿＿＿＿＿＿＿＿＿＿＿＿＿＿＿

＿＿＿＿＿＿＿＿＿＿＿＿＿＿＿＿＿＿＿＿＿＿＿＿＿＿＿＿＿＿＿＿＿＿。

（2）间接接触触电技术措施：＿＿＿＿＿＿＿＿＿＿＿＿＿＿＿＿＿＿＿

＿＿＿＿＿＿＿＿＿＿＿＿＿＿＿＿＿＿＿＿＿＿＿＿＿＿＿＿＿＿＿＿＿＿＿

＿＿＿＿＿＿＿＿＿＿＿＿＿＿＿＿＿＿＿＿＿＿＿＿＿＿＿＿＿＿＿＿＿＿＿

＿＿＿＿＿＿＿＿＿＿＿＿＿＿＿＿＿＿＿＿＿＿＿＿＿＿＿＿＿＿＿＿＿＿＿

＿＿＿＿＿＿＿＿＿＿＿＿＿＿＿＿＿＿＿＿＿＿＿＿＿＿＿＿＿＿＿＿＿＿。

三、工作过程

（1）试述识别10 kV、110 kV、220 kV架空线路的方法。

（2）试述识别 10 kV、110 kV、220 kV 架空线在居民区对地安全距离。

（3）①观察并分析低压配电屏防间接接触触电技术措施。

②检测各元器件。

③根据图安装并连接元器件。

④检查所有连接是否可靠。

⑤合上电源开关，对漏电保护器进行试验，以保证其灵敏度和可靠性。试验时可操作试验按钮三次，带负荷分合三次，确认动作正确无误，方可正式投入使用并于附表2-1和附表2-2中做好相关记录。

附表2-1 三相漏电保护器安装记录

安装地点		安装日期			
型号		相线极		额定动作电流	
制造厂		出厂日期		额定电流	
试验情况		动作情况			

附表2-2 单相漏电保护器安装记录

安装地点		安装日期			
型号		相线极		额定动作电流	
制造厂		出厂日期		额定电流	
试验情况		动作情况			

四、任务评价

任务评价见附表2-3。

附表2-3 接触触电技术措施任务评价表

姓名		学号		班级	
组别		日期			
评价项目	评价内容	评价标准			分数
资料准备 （15分）	专业资料准备 （15分）	优：能根据任务，熟练查找专业网站和专业书籍，咨询资深专业人士，获取需要的较全面的专业资料 良：能根据任务，查找专业网站或专业书籍，或通过资深专业人士，获取需要的部分专业资料 差：没有查找专业资料或资料极少			
实际操作 （65分）	工具准备 （5分）	优：工具准备完备 良：工具准备不完备 差：缺工具			
	架空线路与配电设备防直接接触触电技术措施报告 （5分）	优：高压架空线路电压等级识别方法正确、安全距离正确，110 kV室外变压器防直接接触触电措施正确、完善 良：高压架空线路电压等级识别方法基本正确、安全距离存在1项错误，110 kV室外变压器防直接接触触电措施正确，但不够完善 差：高压架空线路电压等级识别方法错误，安全距离存在2项及以上错误，110 kV室外变压器防直接接触触电措施错误、不完善			
	导线的选择 （5分）	优：导线截面积正确，线色使用正确 良：导线截面积较大，线色使用正确 差：导线型号选择错误、导线截面积选择错误或一次接线相色错误			
	元器件检测 （5分）	优：检测方法正确，判断正确 良：检测方法正确，判断存在较小错误 差：检测方法错误，判断严重错误			
	工器具的使用 （5分）	优：正确使用工器具 良：工具使用不当、掉工具、脚踩工具或使用钳口折弯损伤导线一处总共不超过2次 差：工具使用不当、掉工具、脚踩工具或使用钳口折弯损伤导线一处总共超过2次			
	漏电保护器试验 （10分）	优：操作正确，试验次数3次 良：操作正确，试验次数2次 差：操作错误，试验次数少于2次			

续表

姓名		学号		班级	
组别		日期			
评价项目	评价内容	评价标准			分数
	电路分合 （5分）	优：操作正确 良：操作存在个别不严重的错误 差：操作错误			
	操作情况 （5分）	优：操作规范，在规定时间内完成 良：操作规范，较规定时间内略长 差：操作不规范			
	施工工艺 （10分）	优：元器件整体美观大方，布线横平竖直、排列整齐，扎带间距均匀，方向一致，无带尾，导线连接全部完成 良：元器件整体美观大方，扎带间距均匀，方向一致，无带尾，导线连接全部完成，布线排列不整齐 差：元器件安装明显偏斜，布线不整齐，扎带间距不均匀，方向不一致，导线连接未全部完成			
	漏电保护器安装、试验记录 （5分）	优：正确填写安装、实验记录 良：填写安装、实验记录存在个别错误 差：填写安装、实验记录缺项过多或未填写			
	低压配电屏防间接接触触电措施分析报告 （5分）	优：内容能全面反映任务完成情况和学习过程，能总结本次任务存在的问题，并提出改进办法 良：内容能全面反映任务完成情况和学习过程，能总结本次任务存在的问题，但没有提出改进办法 差：内容不能全面反映改造工作情况和学习过程			
基本素质 （20分）	团队合作精神 （10分）	优：能进行合理分工，在工作过程中能相互协商，共同完成任务 良：能进行合理分工，在工作过程中相互协商、相互帮助不够，但能共同完成任务 差：分工不合理，个别人极少参加工作任务，相互间不协商和帮助			
	劳动纪律 （10分）	优：能完全遵守现场管理制度和劳动纪律，无违纪行为 良：能遵守现场管理制度，迟到/早退1次 差：违反现场管理制度，或有1次旷课			
总成绩			教师签名		

附录3 电力安全生产技能工作页

一、工作内容与目标

1. 工作内容

学习电力安全生产技能。

2. 工作目标

掌握电力安全生产技能。

二、工作准备

查找电力安全生产技能的相关知识。

三、工作过程

（1）查找资料叙述通用工作安全技能。

（2）查找资料叙述供电安全技能。

（3）查找资料叙述火力发电安全技能。

四、任务评价

任务评价见表3－1。

附表3－1　电力安全生产技能任务评价表

姓名		学号		班级	
组别		日期			
评价项目	评价内容	评价标准			分数
资料准备 （15分）	专业资料准备 （15分）	优：能根据任务，熟练查找专业网站和专业书籍，咨询资深专业人士，获取需要的较全面的专业资料 良：能根据任务，查找专业网站或专业书籍，或通过资深专业人士，获取需要的部分专业资料 差：没有查找专业资料或资料极少			
实际操作 （65分）	通用安全技能 （20分）	优：内容能全面反映任务完成情况和学习过程，能总结本次任务存在的问题，并提出改进办法 良：内容能全面反映任务完成情况和学习过程，能总结本次任务存在的问题，但没有提出改进办法 差：内容不能全面反映改造工作情况和学习过程			
	供电安全技能 （25分）	优：内容能全面反映任务完成情况和学习过程，能总结本次任务存在的问题，并提出改进办法 良：内容能全面反映任务完成情况和学习过程，能总结本次任务存在的问题，但没有提出改进办法 差：内容不能全面反映改造工作情况和学习过程			
	火力发电安全技能 （20分）	优：内容能全面反映任务完成情况和学习过程，能总结本次任务存在的问题，并提出改进办法 良：内容能全面反映任务完成情况和学习过程，能总结本次任务存在的问题，但没有提出改进办法 差：内容不能全面反映改造工作情况和学习过程			
基本素质 （20分）	团队合作精神 （10分）	优：能进行合理分工，在工作过程中能相互协商，共同完成任务 良：能进行合理分工，在工作过程中相互协商、相互帮助不够，但能共同完成任务 差：分工不合理，个别人极少参加工作任务，相互间不协商和帮助			
	劳动纪律 （10分）	优：能完全遵守现场管理制度和劳动纪律，无违纪行为 良：能遵守现场管理制度，迟到/早退1次 差：违反现场管理制度，或有1次旷课			
总成绩			教师签名		

附录4　电力安全工器具检查、使用与保管工作页

一、工作内容与目标

1. **工作内容**

使用常见电力安全工器具。

2. **工作目标**

能够正确使用常见的电力安全工器具。

二、工作准备

1. **工作组**

每个小组由4~6名学生组成，指定组长。工作时，由组长分配，分别指定学生负责安全监督、工作实施、数据记录，其余学生观摩学习；老师负责安全与技术指导，组织学生轮换操作。

2. **工具、设备准备**

常见电力工器具

3. **知识准备**

常见电力工器具有：＿＿。

三、工作过程

（1）正确使用验电器。

（2）正确佩戴防护性安全工器具。

四、任务评价

任务评价见附表4-1。

附表4-1 电力安全工器具检查、使用与保管任务评价表

姓名		学号		班级	
组别		日期			
评价项目	评价内容	评价标准			分数
资料准备 (15分)	专业资料准备 (15分)	优：能根据任务，熟练查找专业网站和专业书籍，咨询资深专业人士，获取需要的较全面的专业资料 良：能根据任务，查找专业网站或专业书籍，或通过资深专业人士，获取需要的部分专业资料 差：没有查找专业资料或资料极少			
实际操作 (65分)	验电器的使用 (15分)	优：能够按照正确方法使用验电器 良：在使用验电器的时候，没有出现较大的错误 差：不会使用验电器			
	佩戴防护性 安全工器具 (15分)	优：能够按照正确方法佩戴防护性安全工器具 良：能够按照正确佩戴防护性，没有出现较大的错误 差：不能够按照正确方法佩戴防护性			
	工器具的 保管与存放 (35分)	优：能够按照正确方法保管和存放安全工器具 良：在保管和存放安全工器具时，没有出现较大的错误 差：不能够正确保管和存放安全工器具			
基本素质 (20分)	团队合作精神 (10分)	优：能进行合理分工，在工作过程中能相互协商，共同完成任务 良：能进行合理分工，在工作过程中相互协商、相互帮助不够，但能共同完成任务 差：分工不合理，个别人极少参加工作任务，相互间不协商和帮助			
	劳动纪律 (10分)	优：能完全遵守现场管理制度和劳动纪律，无违纪行为 良：能遵守现场管理制度，迟到/早退1次 差：违反现场管理制度，或有1次旷课			
总成绩			教师签名		

附录5 登杆作业工作页

一、工作内容与目标

1. 工作内容
登杆作业。

2. 工作目标
熟练使用安全带、安全帽、脚扣完成登杆作业。

二、工作准备

1. 工作组
每个小组由 4~6 名学生组成，指定组长。工作时，由组长分配，分别指定学生负责安全监督、工作实施、数据记录，其余学生观摩学习；老师负责安全与技术指导，组织学生轮换操作。

2. 工具、设备准备
安全带、安全帽、脚扣、安全绳等。

3. 知识准备
接地线的作用有：_____

_____

_____

_____

_____。

三、工作过程

（1）工作人员接到工作负责人的登杆命令后，工作人员到工器具库存处选择所需工器具（所选择工具是否有合格证且在有效期内，再做外观等检查）。根据自己的身高与电杆的直径选择脚扣或升降板。

（2）将选好的工具搬移到指定的杆塔。

（3）对该杆塔进行检查（检查杆塔基础、杆身及拉线等）。

（4）对登杆工具进行冲击试验。

（5）检查一切正常后向监护人报告开始登杆。

（6）上杆与下杆步骤参照登杆工具使用步骤。

（7）达到工作位置系好安全带。

（8）站稳后开始工作。

（9）工作结束后下杆。

（10）杆后整理好工具，搬移到库存点摆放好。

（11）向工作负责人汇报工作结束。

四、任务评价

任务评价见附表5-1。

附表5-1　登杆作业任务评价表

姓名		学号		班级	
组别		日期			
评价项目	评价内容	评价标准			分数
资料准备 （15分）	专业资料准备 （15分）	优：能根据任务，熟练查找专业网站和专业书籍，咨询资深专业人士，获取需要的较全面的专业资料 良：能根据任务，查找专业网站或专业书籍，或通过资深专业人士，获取需要的部分专业资料 差：没有查找专业资料或资料极少			
实际操作 （65分）	着装和工器具的准备 （15分）	优：工作人员的安全帽、安全带、脚扣、工作服、手套合格、齐备，工作现场设置围栏 良：工作人员的安全帽、安全带、脚扣、手套合格但未正确着装，工作现场设置围栏 差：工作人员的安全帽合格、手套未戴且未正确着装。工作现场设置围栏，脚扣、安全带齐备			
	登杆前检查 （15分）	优：检查脚扣、安全带有无试验合格证，是否超期使用；脚扣的胶皮是否松脱、金属部件是否锈蚀等；检查电杆基础、杆身及杆塔是否倾斜；进行脚扣及安全带的冲击试验；吊绳正确佩戴 良：检查脚扣、安全带有无试验合格证，是否超期使用；未检查脚扣的胶皮是否松脱、金属部件是否锈蚀等；检查电杆基础、杆身及杆塔是否倾斜；进行脚扣及安全带的冲击试验；吊绳正确佩戴 差：检查脚扣、安全带有无试验合格证，未检查是否超期使用。吊绳正确佩戴，未检查脚扣的胶皮是否松脱、金属部件是否锈蚀等。检查电杆基础、杆身及杆塔是否倾斜。未进行脚扣及安全带的冲击试验			
	登杆 （30分）	优：上杆时根据作业点确定登杆位置，脚扣必须完全扣紧电杆，稳步登杆；下杆时，脚扣步伐一致，幅度均匀；在规定时间内完成 良：上杆时根据作业点确定登杆位置，脚扣未扣紧电杆，登杆基本完成，但不熟练；下杆时，脚扣步伐不一致，幅度不够均匀；基本在规定时间内完成 差：根据作业点确定登杆位置，脚扣未扣紧电杆，登杆基本完成，但不熟练且严重超时			
	清理现场 （5分）	优：清理工作现场干净，工具整理 良：清理工作现场基本干净，工具未整理 差：未清理工作现场，工具未整理			

续表

姓名		学号		班级	
组别		日期			
评价项目	评价内容	评价标准			分数
基本素质 （20分）	团队合作精神 （10分）	优：能进行合理分工，在工作过程中能相互协商，共同完成任务 良：能进行合理分工，在工作过程中相互协商、相互帮助不够，但能共同完成任务 差：分工不合理，个别人极少参加工作任务，相互间不协商和帮助			
	劳动纪律 （10分）	优：能完全遵守现场管理制度和劳动纪律，无违纪行为 良：能遵守现场管理制度，迟到/早退1次 差：违反现场管理制度，或有1次旷课			
总成绩			教师签名		

附录6　灭火器使用工作页

一、工作内容与目标

1. 工作内容
灭火器的基本方法。

2. 工作目标
熟练使用各种灭火器灭火。

二、工作准备

1. 工作组
每个小组由 4～6 名学生组成，指定组长。工作时，由组长分配，分别指定学生负责安全监督、工作实施、数据记录，其余学生观摩学习；老师负责安全与技术指导，组织学生轮换操作。

2. 工具、设备准备
灭火器。

3. 知识准备
常见的灭火器有：_____

_____

_____

_____

_____。

三、工作过程

（一）火灾报警

一般情况下，发生火灾后应当报警和救火同时进行。

当发生火灾，现场仅一人时，应一边呼救，以便取得群众的帮助，一边迅速报警。

拨打火警电话时应注意以下几点：

（1）要牢记火警电话"119"。

（2）接通电话后要沉着冷静，向接警中心讲清失火单位的名称、地址、什么东西着火、火势大小以及着火的范围。同时还要注意听清对方提出的问题，以便正确回答。

（3）把自己的电话号码和姓名告诉对方，以便联系。

（4）打完电话后，要立即到交叉路口等候消防车的到来，以便引导消防车迅速赶到火灾现场。

（5）迅速组织人员疏通消防车道，清除障碍物，使消防车到火场后能立即进入最佳位置灭火救援。

（6）如果着火地区发生了新的变化，要及时报告消防队，使他们能及时改变灭火战术，取得最佳效果。

（7）在没有电话或没有消防队的地方，如农村和边远地区，可采用敲锣、吹哨、喊话等方式向四周报警，动员乡邻来灭火。

（二）灭火器的使用方法

1. 二氧化碳灭火器使用方法

二氧化碳灭火器主要用于扑救精密仪器、贵重设备、图书档案及 600 V 以下电气设备火灾。不能扑救铝、镁、钾等轻金属燃烧的火灾。特点是不导电、不留痕迹。使用方法如附图 6-1 所示。

第一步　用右手握着压把　　　第二步　右手提着灭火器到现场　　　第三步　除掉铅封

第四步　拔掉保险销　　　第五步　站在距火源2 m的地方，左手拿着喇叭筒，右手用力压下压把　　　第六步　对着火焰根部喷射，并不断推前，直至把火焰扑灭

附图 6-1　二氧化碳灭火器使用方法

2. 干粉灭火器使用方法

干粉灭火器适宜于扑救石油产品、油漆、有机溶剂、液体、气体、电气火灾和固体火灾。不能扑救铝、镁、钾等轻金属燃烧的火灾。特点是可长期储存、灭火速度快、有 5 万伏以上的电绝缘性能、无毒、无腐蚀性。使用方法如附图 6-2 所示。

第一步:右手握着压把,
左手托着灭火器底部
轻轻地取下灭火器

第二步:右手握着灭
火器到现场

第三步:除掉铅封

第四步:拔掉保险销

第五步:左手握着喷管
右手提着压把

第六步:在距火焰2 m的地方,右手用力压
下压把,左手拿着喷管左右摆动,喷射干
粉覆盖整个燃烧区

附图6-2　干粉灭火器使用方法

3. 泡沫灭火器使用方法

泡沫灭火器适宜扑救木材、纤维、橡胶等固体可燃物火灾和液体火灾。不能扑救酒精等水溶性可燃液体,汽油等易燃液体的火灾和电器火灾。特点是灭火强度大、无毒、无腐蚀性。使用方法如附图6-3所示。

第一步:右手握着压把
左手提着灭火器底部
轻轻地取下灭火器

第二步:右手提着
灭火器到现场

第三步:右手后住喷嘴
左手执筒底边缘

附图6-3　泡沫灭火器使用方法

第四步：把灭炎器颠倒过来呈
垂直状态，用劲上下晃动几下，
然后放开喷嘴

第五步：右手抓筒耳，左手抓筒底边
缘，把喷嘴朝向燃烧区，站在离火源
8m的地方喷射，并不断前进，兜转着
火焰喷射，直至火焰扑灭

第六步：灭火后，把灭火器
卧放在地上，喷嘴朝下

附图6-3　泡沫灭火器使用方法（续）

　　另外，1211灭火器也称卤代烷型灭火器，适宜于扑救除轻金属火灾外的所有类型火灾，灭火效率比二氧化碳灭火器高几倍。由于对大气臭氧层有破坏作用，在非必须使用场所一律不准新配置1211灭火器。1211灭火器10年内将全部淘汰，这里不再赘述其使用方法。

四、任务评价

任务评价见附表6－1。

附表6－1 灭火器使用任务评价表

姓名			学号			班级	
组别			日期				
评价项目	评价内容		评价标准				分数
资料准备 （15分）	专业资料准备 （15分）		优：能根据任务，熟练查找专业网站和专业书籍，咨询资深专业人士，获取需要的较全面的专业资料 良：能根据任务，查找专业网站或专业书籍，或通过资深专业人士，获取需要的部分专业资料 差：没有查找专业资料或资料极少				
实际操作 （65分）	着装 （5分）		优：着装符合要求 良：着装基本符合要求 差：着装不符合要求				
	火警报警方法 （20分）		优：报警方法正确，讲述清楚，能详细描述着火基本情况 良：报警方法正确，讲述不够清楚，但仍然能描述着火基本情况 差：报警方法错误，无法准确详细的描述着火情况				
	灭火器的选择 （10分）		优：根据具体着火情况进行判断，能选择最适合现场环境的灭火器灭火 良：根据具体着火情况进行判断，能选择较为适合的灭火器灭火 差：根据具体着火情况进行判断，无法选择相应合适的灭火器灭火				
	灭火器的使用 （30分）		优：使用方法正确，操作规范，能在短时间内扑灭火灾 良：使用方法正确，操作规范，扑灭时间较长 差：使用方法不正确，操作不规范，无法扑灭火灾				
基本素质 （20分）	团队合作精神 （10分）		优：能进行合理分工，在工作过程中能相互协商，共同完成任务 良：能进行合理分工，在工作过程中相互协商、相互帮助不够，但能共同完成任务 差：分工不合理，个别人极少参加工作任务，相互间不协商和帮助				
	劳动纪律 （10分）		优：能完全遵守现场管理制度和劳动纪律，无违纪行为 良：能遵守现场管理制度，迟到/早退1次 差：违反现场管理制度，或有1次旷课				
总成绩				教师签名			

附录7 电气防火措施工作页

一、工作内容与目标

1. 工作内容
辨识各种类型的防火防爆设施。

2. 工作目标
熟练辨识各种类型的防火防爆设施。

二、工作准备

1. 工作组
每个小组由 4~6 名学生组成，指定组长。工作时，由组长分配，分别指定学生负责安全监督、工作实施、数据记录，其余学生观摩学习；老师负责安全与技术指导，组织学生轮换操作。

2. 工具、设备准备
灭火器。

3. 知识准备
常见的消防设施有：＿＿＿＿＿＿＿＿＿＿＿＿＿＿＿＿＿＿＿＿＿＿＿＿＿＿＿＿＿＿＿
＿＿＿
＿＿＿
＿＿＿＿＿＿＿＿＿＿＿＿＿＿＿＿＿＿＿＿＿＿＿＿＿＿＿＿＿＿＿＿＿＿＿＿＿＿＿。

三、工作过程

对 110 kV 仿真变电站和电气实验大楼进行消防安全巡视检查。

（一）灭火器的检查

1. 灭火器的外观检查
（1）检查灭火器的铅封是否完好，灭火器一经开启即使喷射不多，也必须按规定要求再充装，充装后应做密封试验，并重新铅封。

（2）检查可见部位防腐层的完好程度。

（3）检查灭火器可见零部件是否完整，有无松动、变形、锈蚀损坏，装配是否合理。

（4）检查储存式灭火器的压力表指针是否在绿色区域，如指针在红色区域，应查明原因，检修后重新灌装。

（5）检查灭火器的喷嘴是否畅通，如有堵塞应及时疏通。检查干粉灭火器喷嘴的防潮堵是否完好，喷枪零部件是否完备。

2. 灭火器的报废年限
灭火器从出厂日期算起，达到如下年限的必须报废：

手提式化学泡沫灭火器：5 年；

手提式酸碱灭火器：5 年；

手提式清水灭火器：6 年；

手提式干粉灭火器（储气瓶式）：8 年；

手提储压式干粉灭火器：10 年；

手提式 1211 灭火器：10 年；

手提式二氧化碳灭火器：12 年；

推车式化学泡沫灭火器：8 年；

推车式干粉灭火器（储气瓶式）：10 年；

推车储压式干粉灭火器：12 年；

推车式 1211 灭火器：10 年；

推车式二氧化碳灭火器：12 年。

另外，应报废的灭火器或储气瓶，必须在筒身或瓶体上打孔，并且用不干胶贴上"报废"的明显标志，标志内容如下："报废"二字，字体最小为 25 mm×25 mm；报废年、月；维修单位名称；检验员签章。灭火器应每年至少进行一次维护检查。

3. 灭火器的设置

（1）灭火器应设置在明显和便于取用的地点，且不得影响安全疏散。

（2）灭火器应设置稳固，其铭牌必须朝外。

（3）手提式灭火器宜设置在挂钩、托架上或灭火器箱内，其顶部离地面高度应小于 1.50 m，底部离地面高度不宜小于 0.15 m。

（4）灭火器不应设置在潮湿或强腐蚀性的地点，如必须设置时，应有相应的保护措施。

（5）设置在室外的灭火器，应有保护措施。

（6）灭火器不得设置在超出其使用温度范围的地点。

（7）同一配置场所，应当选用两种以上类型的灭火器。

（8）同一配置场所，同一类型的灭火器，宜选用操作方法相同的灭火器。

（9）一个灭火器配置场所内的灭火器不应少于 2 具。每个设置点的灭火器不宜多于 5 具。

（二）检查消火栓

消火栓大致可以分为室内消火栓和室外消火栓两种。

1. 室内消火栓

检查日期：

室内消火栓是在建筑物内部使用的一种固定灭火供水设备，它包括消火栓及消火箱；室内消火栓和消火箱通常设置在楼梯间、走廊和室内墙壁上；箱内有水带、水枪并与消火栓出口连接；消火栓则与建筑物内消防给水管线连接；消火栓由手轮、阀盖、阀杆、车体、阀座和接口等组成。使用时，根据消火栓箱门的开启方式，用钥匙开启箱门或击碎门玻璃，扭动锁头打开，如消火栓没有"紧急按钮"，应将其下的拉环向外拉出，再按顺时针方向转动旋钮，打开箱门，打开箱门后，取下水枪，按动水泵启动按钮，旋转消火栓手轮，即开启消火栓，铺设水带进行射水灭火。灭火后，要把水带洗净晾干，按盘卷或折叠方式放入箱内，再把水枪卡在枪夹内，装好箱锁，换好玻璃，关好箱门。

按下列内容检查室内消火栓：

（1）检查消火栓是否完好，有无生锈、漏水现象。

（2）检查接口垫圈是否完整无缺。

（3）消火栓阀杆上应加注润滑油。

（4）进行放水检查，以确保火灾发生时能及时打开放水。

（5）检查卷盘、水枪、水带是否损坏，阀门、卷盘转动是否灵活，发现问题要及时检修。

（6）检查消火栓箱门是否损坏，门锁是否开启灵活，拉环铅封是否损坏，水带盘转杆架是否完好，箱体是否锈死，发现问题要及时更换、修理。

2. 室外消火栓

室外消火栓与城镇自来水管网连接，它既可以供消防车取水，又可以连接水带、水枪，直接出水灭火，室外消火栓又有地上消火栓和地下消火栓两种；地上消火栓适用于气候温暖的地区，而地下消火栓则适用于气候寒冷的地区；地上消火栓主要由弯座、阀座、排水阀、法兰接管启闭杆、车体和接口等组成；在使用地上消火栓时，用消火栓钥匙扳头套在启闭杆上端的轴心头之后，按逆时针方向转动消火栓钥匙时，阀门既可开启，水由出口流出；按顺时针方向转动消火栓钥匙时，阀门便关闭，水不再从出水口流出。

对地上消火栓检查内容如下：

（1）消火栓启闭杆端周围有无杂物。

（2）将专用消火栓钥匙套于杆头，检查是否合适。

（3）用纱布擦除出水口螺纹上的积锈，检查门盖内橡胶垫圈是否完好。

（4）打开消火栓，检查供水情况，要放净锈水后再关闭，并观察有无漏水现象，发现问题及时检修。

（三）检查安全出口及其设施

检查安全疏散通道、疏散指示标志、应急和照明装置、安全出口、疏散通道应畅通，安全疏散标志、应急照明应完好。

四、任务评价

任务评价见附表7-1。

附表7-1 电气防火措施任务评价表

姓名			学号			班级	
组别			日期				
评价项目	评价内容		评价标准				分数
资料准备 (15分)	专业资料准备 (15分)		优:能根据任务,熟练查找专业网站和专业书籍,咨询资深专业人士,获取需要的较全面的专业资料 良:能根据任务,查找专业网站或专业书籍,或通过资深专业人士,获取需要的部分专业资料 差:没有查找专业资料或资料极少				
实际操作 (65分)	工具准备 (5分)		优:工具准备完备 良:工具准备不完备 差:缺重要工具				
	仿真变电站防火措施的巡视检查 (30分)		优:安全、规范地到现场实地巡视检查,完成现场防火措施巡视,做好消防设施器材检查记录,内容完整详细 良:现场实地巡视检查不够规范,现场巡视检查记录不够完整 差:未到现场实地巡视检查,无现场巡视检查记录				
	电气实验楼防火措施的巡视检查 (30分)		优:安全、规范地到现场实地巡视检查,完成现场防火措施巡视检查报告,内容完整、详细、正确 良:现场实地巡视检查不够规范,现场巡视检查记录不够完整,基本正确 差:未到现场实地巡视检查,无现场巡视检查记录或内容错误多				
基本素质 (20分)	团队合作精神 (10分)		优:能进行合理分工,在工作过程中能相互协商,共同完成任务 良:能进行合理分工,在工作过程中相互协商、相互帮助不够,但能共同完成任务 差:分工不合理,个别人极少参加工作任务,相互间不协商和帮助				
	劳动纪律 (10分)		优:能完全遵守现场管理制度和劳动纪律,无违纪行为 良:能遵守现场管理制度,迟到/早退1次 差:违反现场管理制度,或有1次旷课				
总成绩				教师签名			

附录8 触电急救工作页

一、工作内容与目标

1. 工作内容
使触电者就地、快速地脱离低压电源。

2. 工作目标
能够准确无误的实施触电急救。

二、工作准备

1. 工作组
每个小组由4~6名学生组成，指定组长。工作时，由组长分配，分别指定学生负责安全监督、工作实施、数据记录，其余学生观摩学习；老师负责安全与技术指导，组织学生轮换操作。

2. 工具、设备准备
模拟人、绝缘杆、金属杆、消毒酒精、导线、棉签。

3. 知识准备
触电急救的方法有：_____
_____
_____
_____。

三、工作过程

（1）脱离电源。

（2）判断触电者意识。

（3）如无反应，应立即大声呼救。

（4）迅速将触电者置于仰卧位，并放在地上或硬板上。

（5）开放气道：

①仰头举颏。

②清除口腔异物。

（6）通过看、听、视判断触电者有无呼吸。

（7）如触电者无呼吸，立即口对口吹气两次。

（8）保持触电者的头后仰，另一只手检查其颈动脉有无搏动。

（9）如触电者有脉搏，表明心脏尚未停跳，可仅做人工呼吸，频率为12~16次/min。

（10）如触电者无脉搏，立即在已确定的胸外按压位置进行心前区叩击1~2次。

（11）叩击后再次判断触电者有无脉搏，如有脉搏则表明心跳已经恢复，可仅做人工呼吸。

（12）叩击后，如触电者无脉搏，立即在已确定的位置进行胸外按压。

（13）每做 30 次按压，需做 2 次人工呼吸，然后再在胸部重新定位，再做胸外按压，如此反复进行，直到医务人员赶来，按压频率为 100 次/min。

（14）胸外按压开始 2 min 检查一次脉搏、呼吸、瞳孔，以后每 4~5 min 检查一次，检查时间不超过 5 s。

四、任务评价

任务评价见附表8-1。

附表8-1　触电急救任务评价表

姓名		学号		班级	
组别		日期			
评价项目	评价内容	评价标准			分数
资料准备 （15分）	专业资料准备 （15分）	优：能根据任务，熟练查找专业网站和专业书籍，咨询资深专业人士，获取需要的较全面的专业资料 良：能根据任务，查找专业网站或专业书籍，或通过资深专业人士，获取需要的部分专业资料 差：没有查找专业资料或资料极少			
实际操作 （65分）	脱离电源 （10分）	优：立即断开触电者电源，无任何使救护人员或触电者处于不安全状态的情况 良：断开触电者电源，时间较长，但无任何使救护人员或触电者处于不安全状态的情况 差：断开触电者电源时发生使救护人员或触电者处于不安全状态的情况			
	脱离电源后的处理 （10分）	优：操作程序正确，操作规范，在规定时间内完成 良：操作程序正确，操作不是很规范，或操作略超出了规定时间 差：操作程序错误或操作严重错误，时间过长			
	胸外按压 （15分）	优：按压位置正确，操作规范，按压频率符合要求 良：按压位置正确，按压力度合适，但按压频率略快或略慢 差：按压位置错误，按压力度过大或过小，按压频率过快或过慢			
	口对口人工呼吸 （15分）	优：操作规范，频率符合要求 良：操作规范，频率略快或略慢 差：操作不规范，频率过快或过慢			
	抢救过程的再判断 （5分）	优：操作规范，在规定时间内完成 良：操作规范，较规定时间内略长 差：操作不规范			
	触电急救报告 （10分）	优：内容能全面反映任务完成情况和学习过程能总结本次任务存在的问题，并提出改进办法 良：内容能全面反映任务完成情况和学习过程能总结本次任务存在的问题，但没有提出改进办法 差：内容不能全面反映任务完成情况和学习过程			

姓名		学号		班级	
组别		日期			
评价项目	评价内容	评价标准			分数
基本素质 （20分）	团队合作精神 （10分）	优：能进行合理分工，在工作过程中能相互协商，共同完成任务 良：能进行合理分工，在工作过程中相互协商、相互帮助不够，但能共同完成任务 差：分工不合理，个别人极少参加工作任务，相互间不协商和帮助			
	劳动纪律 （10分）	优：能完全遵守现场管理制度和劳动纪律，无违纪行为 良：能遵守现场管理制度，迟到/早退1次 差：违反现场管理制度，或有1次旷课			
总成绩			教师签名		

附录9 创伤急救工作页

一、工作内容与目标

1. 工作内容

创伤急救。

2. 工作目标

（1）会使用急救物品对外伤、烧伤者进行处理。

（2）能够应对中暑、中毒等其他一些紧急情况的急救工作。

二、工作准备

1. 工作组

每个小组由4~6名学生组成，指定组长。工作时，由组长分配，分别指定学生负责安全监督、工作实施、数据记录，其余学生观摩学习；老师负责安全与技术指导，组织学生轮换操作。

2. 工具、设备准备

急救物品。

3. 知识准备

骨折急救的方法有：_____

_____

_____

_____。

三、工作过程

（1）出血急救。

（2）骨折急救。

（3）中暑急救。

四、任务评价

任务评价见附表 9 - 1。

附表 9 - 1　创伤急救任务评价表

姓名		学号		班级	
组别		日期			
评价项目	评价内容	评价标准			分数
资料准备 （15 分）	专业资料准备 （15 分）	优：能根据任务，熟练查找专业网站和专业书籍，咨询资深专业人士，获取需要的较全面的专业资料 良：能根据任务，查找专业网站或专业书籍，或通过资深专业人士，获取需要的部分专业资料 差：没有查找专业资料或资料极少			
实际操作 （65 分）	出血急救 （20 分）	优：操作规范，在规定时间内完成 良：操作规范，较规定时间内略长 差：操作不规范			
	骨折急救 （25 分）	优：操作规范，在规定时间内完成 良：操作规范，较规定时间内略长 差：操作不规范			
	中暑急救 （20 分）	优：操作规范，在规定时间内完成 良：操作规范，较规定时间内略长 差：操作不规范			
基本素质 （20 分）	团队合作精神 （10 分）	优：能进行合理分工，在工作过程中能相互协商，共同完成任务 良：能进行合理分工，在工作过程中相互协商、相互帮助不够，但能共同完成任务 差：分工不合理，个别人极少参加工作任务，相互间不协商和帮助			
	劳动纪律 （10 分）	优：能完全遵守现场管理制度和劳动纪律，无违纪行为 良：能遵守现场管理制度，迟到/早退 1 次 差：违反现场管理制度，或有 1 次旷课			
总成绩			教师签名		

附录10　电力生产典型事故分析工作页

一、工作内容与目标

1. 工作内容

（1）界定安全事故类别。

（2）根据发生的某电力作业人身伤亡事故，对事故原因进行分析，提出防范措施。

2. 工作目标

（1）能够界定安全事故类别。

（2）能根据发生的某电力作业人身伤亡事故，对事故原因进行分析、提出防范措施。

二、工作准备

1. 工作组

每个小组由 4～6 名学生组成，指定组长。

2. 知识准备

安全事故的类别为：_____

_____

_____

_____。

三、工作过程

对某供电企业所属 35 kV 变电站带负荷拉小车开关恶性误操作事故原因进行分析，并提出防范事故发生的措施。

（一）事故背景资料

1. 事故单位

××电力公司

2. 事故起止时间

2008 年 7 月 13 日 16 时 45 分至 2008 年 7 月 13 日 17 时 23 分

3. 事故前电网运行工况

事故发生前，电网主接线如附图 10－1 所示。

4. 事故发生、扩大及处理情况

××××年 7 月 13 日，××电力公司 10 kV 东南线路富顺街酒厂 3 号配电变压器 C 相避雷器引线锈脱，调度所当值正班蒋××于 16 时 37 分向操作班当班正值田×下令：将 35 kV 东区变电站 10 kV 东南线 5 断路器由运行转停用，并在东南线 5 断路器线路侧验明确无电后装设接地线一组，正值田×、副值马××填票后操作，在未将遥控切换开关切换至就地控制位置的情况下，手动断开控制 KK 断路器（实际未断开），发生带负荷拉小车开关的恶性误操作事故，引起主变压器 301 和 601 断路器过流保护动作跳闸。

5. 事故损失及影响情况

损失电量 24 600 kWh，10 kV 东南线 5 断路器严重损坏，直接经济损失 1 万元。

（二）事故分析

（1）分析事故等级及事故类别。

（2）分析事故暴露出来的主要问题及违反规程的相关条款。

（三）防范措施

（1）应吸取的事故教训。

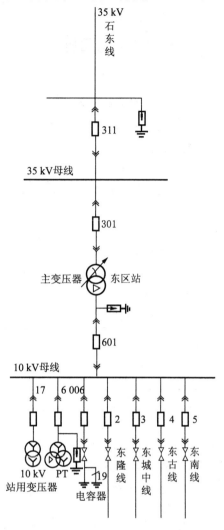

附图 10 -1　发生事故电网一次接线图

（2）针对事故采取的预防措施。

四、任务评价

任务评价见附表10－1。

附表10－1　电力生产典型事故分析任务评价表

姓名		学号		班级	
组别		日期			
评价项目	评价内容	评价标准			分数
资料准备 （15分）	专业资料准备 （15分）	优：能根据任务，熟练查找专业网站和专业书籍，咨询资深专业人士，获取需要的较全面的专业资料 良：能根据任务，查找专业网站或专业书籍，或通过资深专业人士，获取需要的部分专业资料 差：没有查找专业资料或资料极少			
实际操作 （65分）	事故背景资料收集（15分）	优：事故背景资料收集客观、公正、全面 良：事故背景资料收集较客观、公正、全面 差：事故背景资料收集不全			
	事故分析 （30分）	优：事故定性准确，事故问题与违反规程的相关条款对应正确 良：事故定性准确，但与规程上相关条款对应错误 差：事故等级和类型判断错误，无依据			
	防范措施 （20分）	优：应吸取的经验教训和针对事故采取的防范措施恰当、准确 良：应吸取的经验教训和针对事故采取的防范措施较恰当、准确 差：应吸取的经验教训或针对事故采取的防范措施不准确，不恰当			
基本素质 （20分）	团队合作精神 （10分）	优：能进行合理分工，在工作过程中能相互协商，共同完成任务 良：能进行合理分工，在工作过程中相互协商、相互帮助不够，但能共同完成任务 差：分工不合理，个别人极少参加工作任务，相互间不协商和帮助			
	劳动纪律 （10分）	优：能完全遵守现场管理制度和劳动纪律，无违纪行为 良：能遵守现场管理制度，迟到/早退1次 差：违反现场管理制度，或有1次旷课			
总成绩			教师签名		